3D 打印丛书

3D 打印

模型设计及应用

陈　玲　杨继全 | 著
杨继全 | 主审

南京师范大学出版社
NANJING NORMAL UNIVERSITY PRESS

图书在版编目(CIP)数据

3D打印模型设计及应用 / 陈玲，杨继全著. — 南京：南京师范大学出版社，2016.5(2018.7重印)
(3D打印丛书)
ISBN 978-7-5651-2378-8

Ⅰ. ①3… Ⅱ. ①陈… ②杨… Ⅲ. ①立体印刷—印刷术 Ⅳ. ①TS853

中国版本图书馆CIP数据核字(2015)第246404号

丛 书 名	3D打印丛书
书 名	3D打印模型设计及应用
著 者	陈 玲 杨继全
主 审	杨继全
责任编辑	孙 沁 郑海燕
出版发行	南京师范大学出版社
地 址	江苏省南京市玄武区后宰门西村9号(邮编:210016)
电 话	(025)83598919(总编办) 83598412(营销部) 83598297(邮购部)
网 址	http://www.njnup.com
电子信箱	nspzbb@163.com
照 排	南京理工大学资产经营有限公司
印 刷	江苏扬中印刷有限公司
开 本	787毫米×960毫米 1/16
印 张	10
字 数	169千
版 次	2016年5月第1版 2018年7月第2次印刷
书 号	ISBN 978-7-5651-2378-8
定 价	36.00元
出 版 人	彭志斌

前 言

18 世纪末的工业革命使得大规模生产成为可能，随之产生的规模经济效应对当时的经济和社会产生了深远的影响。而现在新出现的 3D 打印技术的影响和工业革命相反，3D 打印技术（Three-dimensional printing）使得生产单个产品的成本和生产上千产品一样低廉，也埋没了规模经济的优势。3D 打印技术对未来产生的影响将不亚于工业革命。

信息技术的发展，“创客运动”蓬勃兴起，用户与生产者之间的界限正在变得模糊。如果说计算机让消费者能够参与产品的研发设计过程，3D 打印则让消费者参与社会化生产成为可能。无数拥有 3D 打印机的个人或小型企业通过分工协作构成的“云制造”网络，将能够生产更加复杂的产品，制造业也可随之呈现出大众创业、万众创新的特点。

本书的出现正好顺应了现在的潮流，对大众了解掌握 3D 打印技术具有积极的指导作用。该书具有以下几个特点：

1）遵循“应用为目的”和“少而精、浅而广”的原则，突出实例讲解，理论内容由浅入深，初学者较为容易掌握，适用于高校的教学。

2）具有相当高的实践性。书本中举例全面，步骤详细，让理论学习和动手实践完美地结合起来。

3）内容丰富全面。书中例举 9 种软件的建模方法，基本满足目前需要的建模要求，并对每种软件的特征优势以及应用场合做了详细的介绍，让初学者可以更好地掌握 3D 打印建模的知识。

本书内容共分 4 章，第 1 章概论，主要介绍了 3D 打印的一些技术工艺及其所采用的主要方法，对其发展历程做了一个较为简单的概述，对其发展趋势做了一个简单扼要的推测。第 2 章介绍目前较为常用的一些造型建模方面的软件

(3DsMax、Rhinocero、FreeForm),并通过建模实例讲解各软件造型设计的一些基本的技能及方法。第 3 章介绍目前 3D 打印常用的结构设计方法和软件(Pro/Engineer、Solidworks、UG),及关于结构设计的一些基本的技能及方法。第4章主要介绍目前较为常用的一些通用设计方法和软件(sketchup、Autodesk123D－123D Design、Autodesk123D－Tinkercad),及关于通用设计的一些基本的技能和方法。

本书在编写过程中,参考了大量的相关资料,除书末注明的参考文献外,其余的参考资料主要有:公开出版的各类报纸、刊物和书籍;因特网上的检索。本书中所采用的图片、模型等素材,均为所属公司、网站或个人所有,本书引用仅为说明之用,绝无侵权之意,特此声明。在此向参考资料的各位作者表示谢意!

本书由南京师范大学的杨继全、陈玲主编,仲苏明、徐冰、曹伟、魏秋雨参加编写。在编写本书的过程中,南京师范大学和江苏省三维打印装备和制造重点实验室的冯春梅、郑梅、李娜、王琼、郭爱琴、程继红、储红燕老师等对本书进行了认真细致的审阅,并提出了许多宝贵建议,给予了许多无私帮助与支持。在此向以上单位和个人致以诚挚的谢意。最后衷心感谢南师大出版社在本书出版过程中给予的大力支持。

本书的出版得到国家自然科学基金(51407095、51605229、50607094、61601228、61603194)、国家重点研发计划(2017YFB1103200)、江苏省科技支撑计划(工业)重点项目(BE2014009)、江苏省科技成果转化专项资金重大项目(BA201606)、江苏省高校自然科学基金(16KJB12002)等项目的支持。

由于编者水平有限,书中的疏漏和错误在所难免,恳请读者批评指正,多提宝贵意见,使之不断完善,编者在此预致谢意。

编　者

2018 年 7 月

目　录

第1章　概　论

1.1　3D 打印技术简介

1.1.1　3D 打印的整体工艺

1. 熔融沉积制造

熔融沉积制造(Fused Deposition Modeling,FDM)是目前应用比较广泛的一种工艺。

FDM 加热头把热熔性材料(ABS 树脂、尼龙、蜡等)加热到临界状态,使其呈现半流体状态,然后加热头会在软件控制下沿计算机辅助设计(Computer Aided Design, CAD)确定的二维几何轨迹运动,同时喷头将半流动状态的材料挤压出来,材料瞬时凝固形成有轮廓形状的薄层。由于 3D 打印机的打印头或底座能够在垂直方向移动,所以它能让材料逐层进行快速累积,并且每层都是由 CAD 模型确定的轨迹打印出确定的形状,最终能够打印出设计好的三维物体。

2. 光固化成型

光固化成型(Stereo Lithography Apparatus,SLA)是较早出现的成型制造工艺,也是发展较为成熟的工艺。

用特定波长与强度的激光聚焦到光固化材料表面,使之由点到线,由线到面顺序凝固,完成一个层面的绘图作业,然后升降台在垂直方向移动一个层片的高度,再固化另一个层面,这样层层叠加构成一个三维实体。

3. 选择性激光烧结

选择性激光烧结(Selective Laser Sintering,SLS)工艺与光固化成型工艺有相似之处，即都需要借助激光将物质固化为整体。不同的是，选择性激光烧结工艺使用的是红外激光束，材料则由光敏树脂变成了塑料、蜡、陶瓷、金属或其复合物的粉末。

由 CAD 模型各层切片的平面几何信息生成 X－Y 激光扫描器在每层粉末上的数控运动指令，铺粉器将粉末一层一层地撒在工作台上，再用滚筒将粉末滚平、压实，每层粉末的厚度均应该对应于 CAD 模型的切片厚度。各层粉末被二氧化碳激光器选择性烧结到基体上，而未被激光扫描、烧结的粉末仍留在原处起支撑作用，直至烧结出整个零件。

4. 分层实体制造

分层实体制造(Laminated Object Manufacturing，LOM)具有较强的传统切削的特点，不再使用大块原材料进行整体切削，而是将原来的零部件模型分割为多层，然后进行逐层切削、黏结，最后形成实体零件。

根据 CAD 模型各层切片的平面几何信息驱动激光头，对底部涂覆有热敏胶的纤维纸(厚 0.1～0.2 mm)进行分层实体切割，随后工作台下降一层高度，送进机构又将新的一层材料铺上并用热压辊辗压使其紧黏在已经成型的基体上，激光头再次进行切割运动切出第二层平面轮廓，如此重复直至整个三维零件制作完成。

5. 三维印刷成型

三维印刷工艺(Three Dimension Printing，3DP)，与 SLS 工艺一样，也是通过将粉末黏结成整体来制作零部件，不同之处在于，它不是通过激光熔融的方式黏结，而是通过喷头喷出的黏结剂进行黏结。

喷头在电脑控制下，按照模型截面的二维数据运行，选择性地在相应位置喷射黏结剂，最终构成层。在每一层黏结完毕后，成型缸下降一个等于层厚度的距离，供粉缸上升一段高度，推出多余粉末，并由铺粉辊推到成型缸，铺平再被压实。如此循环，直至完成整个物体的黏结。

1.1.2 3D 打印建模在工艺中的作用

在传统制造业中整套工艺文件应当包括：工艺目录、工艺文件变更记录表、工艺流程图与工位/工序工艺卡片。

工艺目录，是指整个文件的目录，需要标明当前各文件的有效版本；工艺文件变更记录表，通常是在文件内容变更后，进行走变更流程的记录，主要内容有:变更的内容页名称、变更的依据文件(通常为ECO)编号、变更前和变更后的版本。工艺流程图提供了工艺流程中的操作者及对操作的素质要求,需要的人力,每一个工序需要时间,操作要点,要达到的标准,所用的特殊工具等相关参照。工位/工序的工艺卡片,就是具体到每一个环节,通常为操作者使用,同时要写明本工位(或工序)名称,前工位(或工序)名称,后工位(或工序)名称,所用材料与工具,操作中的注意事项,执行标准,更多的主要内容是操作步骤顺序和方法。

从上文的介绍来看,对于一套产品的提出到最后的加工成型,所历经的步骤繁多且对于产品的改变可能改变整套工艺,从操作性而言,过于繁琐。从经济角度来看,由于工艺过程中所涉及环节较多,各环节涉及模具成本较大,产品工艺链越长,产品改型的经济损耗便越大。工艺的编制涉及的加工资料甚多。而3D打印在整个制造过程中缩减了生产既定产品的外围生产资料,从产品模型到产品成为可能。而在产品概念形成时,所需关注的也就是产品的数字模型,即产品建模。3D打印将产品模型直接生产出来。而对产品的修改只需对模型进行修改,改善了产品工艺的柔性,也缩短了产品的加工过程。另外3D打印工艺是近几十年发展起来的全球先进技术,它与传统切削材料的“去除法”不同,增材技术将采用细微原材料一层一层的堆叠而生成三维立体的实体,因此被通俗地称为“3D打印”,也可以把3D打印理解为无数个2D打印平面堆叠而成的。该工艺只需在电脑上设计出模型或者扫描实体得到数据,就可以用3D打印机打印出实物。该工艺无需传统的刀具、模具、车床或复杂工艺,就可快速地将设计生产为实物,减少了不必要的费用。

1.2 3D打印建模技术的主要方法

3D打印技术中的CAD建模方法主要分为正向设计、逆向设计和正逆向混合设计。

1.2.1 正向设计

正向设计的方法是一个从概念设计起步到CAD建模、数控编程、数控加工的过程,它是早期设计师在进行产品的造型设计时主要采用的方法。

正向设计的一般流程:产品功能要求采集→产品概念设计→建立模型绘制

详细图纸→编制工艺→加工。

缺点：对于复杂的产品，设计过程难度系数大、周期较长、成本高、产品研制开发难。由于设计师无法完全预估产品在设计过程中会出现什么样的状况，如果每次因为一些局部的问题而推倒整个产品重来，不管从时间上还是从成本上都是不可接受的。

典型的正向设计软件：Pro/E、UG、CATIA、Solidworks。

1.2.2 逆向设计

逆向设计过程是指设计师对产品实物的表面进行数字化处理(包括借助扫描仪的面数据采集、数据处理)，并利用可实现逆向三维造型设计的软件来重新构造实物的三维 CAD 模型(曲面模型重构)，并进一步用 CAD/CAE/CAM 系统实现分析、再设计、数控编程、数控加工的过程。逆向设计通常是应用于产品外观表面的设计。

逆向设计的一般流程：产品样件→三维面数据采集→数据处理→CAD/CAE/CAM 系统→模型重构→制造系统→新产品。

典型的逆向设计软件：Imageware、Trace、CopyCAD。

1.2.3 正逆向混合设计

混合设计的提出，结合了正向设计的规范性与逆向设计的灵活性，形成灵活且规范的设计构架。

首先通过对实物进行三维面数字测量获取实物模型的表面数据并形成网格模型，然后采用特征建模，并结合产品功能和设计草图，恢复产品正向设计特征，最后通过实体模型运算设计完成产品的数字模型。

典型的正逆向混合设计软件：3 - Matic，Geomagic Spark。

1.3 计算机辅助设计三维建模发展历程

1.3.1 CAD 发展史

随着 CAD 正版化的日益来临，很多公司都在致力于 CAD 行业软件的研发,国内公司在这方面几乎是群雄并起,但都摆脱不了国外软件的模式和核心。

在CAD软件发展初期,CAD的含义仅仅是图板的替代品,即:意指Computer Aided Drawing(or Drafting)而非现在我们经常讨论的CAD(Computer Aided Design)所包含的全部内容。CAD技术以二维绘图为主要目标的算法一直持续到20世纪70年代末期,以后作为CAD技术的一个分支而相对单独、平稳地发展。近十年来占据绘图市场主导地位的是Autodesk公司的AutoCAD软件。在今天中国的CAD用户特别是早期CAD用户中,二维绘图仍然占有相当大的比重。

1. 第一次CAD技术革命——贵族化的曲面造型系统

20世纪60年代出现的三维CAD系统只是极为简单的线框式系统。这种初期的线框造型系统只能表达基本的几何信息,不能有效表达几何数据间的拓扑关系。由于缺乏形体的表面信息,CAM(计算机辅助制造)及CAE(计算机辅助工程)均无法实现。

进入70年代,正值飞机和汽车工业的蓬勃发展时期。在此期间飞机及汽车制造中遇到了大量的自由曲面问题,当时只能采用多截面视图、特征纬线的方式来近似表达所设计的自由曲面。由于三视图方法表达的不完整性,经常发生设计完成后,制作出来的样品与设计者所想象的有很大差异甚至完全不同的情况。设计者对自己设计的曲面形状能否满足要求也无法保证,因此还经常按比例制作油泥模型,作为设计评审或方案比较的依据。既慢且繁的制作过程大大拖延了产品的研发时间,要求更新设计手段的呼声越来越高。

此时法国人提出了贝赛尔算法,使得人们在用计算机处理曲线及曲面问题时变得可以操作,同时也使得法国的达索飞机制造公司的开发者们,能在计算机辅助设计系统(Computer Aided Design And Manufacturing, CADAM)的基础上,开发出以表面模型为特点的自由曲面建模方法,推出了三维曲面造型系统(Computer-graphics Aided Three-dimensional enteractive Application, CATIA)。它的出现,标志着计算机辅助设计技术从单纯模仿工程图纸的三视图模式中解放出来,首次实现以计算机完整描述产品零件的主要信息,同时也使得CAM技术的开发有了现实的基础。曲面造型系统CATIA为人类带来了第一次CAD技术革命,改变了以往只能借助油泥模型来近似准确表达曲面的落后的工作方式。

此时的 CAD 技术价格极其昂贵，而且软件商品化程度低，开发者本身就是 CAD 大用户，彼此之间技术保密。只有少数几家受到国家财政支持的军火商，在 70 年代冷战时期才有条件独立开发或依托某厂商发展 CAD 技术。例如：

CADAM 由美国洛克希德(Lochheed)公司支持

CALMA 由美国通用电气(GE)公司开发

CV 由美国波音(Boeing)公司支持

I-DEAS 由美国国家航空及宇航局(NASA)支持

UG 由美国麦道(MD)公司开发

CATIA 由法国达索(Dassault)公司开发

这时的 CAD 技术主要应用在军用工业。受此项技术的吸引，一些民用主干工业，如汽车业的巨人也开始摸索开发一些曲面系统为自己服务，如：大众汽车公司 SURF、福特汽车公司 PDGS 与雷诺汽车公司 EUCLID。

另外还有丰田、通用汽车公司等都开发了自己的 CAD 系统。由于无军方支持，开发经费及经验不足，其开发出来的软件商品化程度都较军方支持的系统要低，功能覆盖面和软件水平亦相差较大。

曲面造型系统带来的技术革新，使汽车开发手段比旧的模式有了质的飞跃，新车型开发速度也大幅度提高，许多车型的开发周期由原来的 6 年缩短到 3 年左右。CAD 技术给使用者带来了巨大的好处及颇丰的收益，汽车工业开始大量采用 CAD 技术。20 世纪 80 年代初，几乎全世界所有的汽车工业和航空工业都购买过相当数量的 CATIA 软件，其结果是 CATIA 跃居制造业 CAD 软件榜首，并且保持了许多年。到了 90 年代，从造型理论上来说，CATIA 并没有突破性的进展，CAD 技术本身已相对落后。达索公司公布的 1996 年营业额只有 2.68 亿美元，这并不足以使其稳据世界排名第二的位置。但其庞大用户群的巨大惯性以及由 IBM 提供的约 3 亿美元的强有力系统集成支持，使得它依然排在 CAD 行业前列。

2. 第二次 CAD 技术革命——生不逢时的实体造型技术

20 世纪 80 年代初，CAD 系统价格依然令一般企业望而却步，这使得 CAD 技术无法打开更广阔的市场。为使自己的产品更具特色，在有限的市场中获得更大的市场份额，以 CV、SDRC、UG 为代表的系统开始朝各自的发展方向前进。70 年代末到 80 年代初，由于计算机技术的大跨步前进，CAE、CAM 技术也开始有了较大发展。SDRC 公司在当时星球大战计划的背景下，通过美国宇航局的支持及合作，开发出了许多专用分析模块，用以降低巨大的太空实验费用，同时在CAD技术方面也进行了许多开拓；UG则着重在曲面技术的基础上发展CAM技术，用以满足麦道飞机零部件的加工需求；CV和CALMA则将主要精力都放在CAD市场份额的争夺上。

有了表面模型，CAM的问题可以基本解决。但由于表面模型技术只能表达形体的表面信息，难以准确表达零件的其它特性，如质量、重心、惯性矩等，对CAE十分不利，最大的问题在于分析的前处理特别困难。基于对于CAD/CAE一体化技术发展的探索，SDRC公司于1979年发布了世界上第一个完全基于实体造型技术的大型CAD/CAE软件——I-DEAS。由于实体造型技术能够精确表达零件的全部属性，在理论上有助于统一CAD、CAE、CAM的模型表达，给设计带来了惊人的方便性。它代表着未来CAD技术的发展方向。可以说，实体造型技术的普及应用标志着CAD发展史上的第二次技术革命。

实体造型技术既带来了算法的改进和未来发展的希望，也带来了数据计算量的极度膨胀。在当时的硬件条件下，实体造型的计算及显示速度很慢，在实际应用中做设计显得比较勉强。由于以实体模型为前提的CAE本来就属于较高层次技术，普及面较窄，反映还不强烈；另外，在算法和系统效率的矛盾面前，许多赞成实体造型技术的公司并没有下大力量去开发它，而是转去攻克相对容易实现的表面模型技术。各公司的技术取向再度分道扬镳。实体造型技术也就此没能迅速在整个行业全面推广开。推动了此次技术革命的SDRC公司与幸运之神擦肩而过，失去了一次大飞跃的机会。在以后的10年里，随着硬件性能的提高，实体造型技术又逐渐为众多CAD系统所采用。

CV公司最先在曲面算法上取得突破，计算速度得到较大提高。由于CV提出了集成各种软件，为企业提供全方位解决方案的思路，并采取了将软件的运行平台向价格较低的小型机转移等有利措施，一跃成为CAD领域的领导者，市场份额上升到第1位，兼并了CALMA公司，实力迅速膨胀。

3. 第三次CAD技术革命—— 一鸣惊人的参数化技术

正当CV公司业绩蒸蒸日上以及实体造型技术逐渐普及之时，CAD技术的研究又有了重大进展。如果说在此之前的造型技术都属于无约束自由造型的话，进入80年代中期，CV公司内部以高级副总裁为首的一批人提出了一种比无约束自由造型更新颖、更好的算法——参数化实体造型方法。从算法上来说，这是一种很好的设想。它主要的特点是：基于特征、全尺寸约束、全数据相关、尺寸驱动设计修改。由于参数化技术核心算法与以往的系统有本质差别，若采用参数化技术，必须重新编写全部软件，投资及开发工作量必然很大。当时 CAD 技术主要应用在航空和汽车工业，这些工业中自由曲面的需求量非常大，参数化技术还不能提供解决自由曲面的有效工具(如实体曲面问题等)，更何况当时 CV 的软件在市场上几乎呈供不应求之势，于是，CV 公司内部否决了参数化技术方案。

策划参数化技术的这些人在新思想无法实现时，集体离开了 CV 公司，另成立了一个参数技术公司(Parametric Technology Corp.)，开始研制命名为 Pro/E 的参数化软件。早期的 Pro/E 软件性能很低，只能完成简单的工作，但由于第一次实现了尺寸驱动零件的设计修改，使人们看到了它今后将给设计者带来的方便性。

80 年代末，计算机技术迅猛发展，硬件成本大幅度下降，CAD 技术的硬件平台成本从二十几万美元一下子降到只需几万美元。一个更加广阔的 CAD 市场被打开，很多中小型企业也开始有能力使用 CAD 技术。由于他们设计的工作量并不大，零件形状也不复杂，更重要的是他们无钱投资大型高档软件，因此他们很自然地把目光投向了中低档的 Pro/E 软件。了解 CAD 市场的人都知道，它的分布几乎呈金字塔型。在高端的三维系统与低端的二维绘图软件之间事实上存在着一个非常大的中档市场。PTC 在起家之初即已瞄准这个充满潜力的市场，在旧时王榭堂前燕尚未来得及飞入寻常百姓家之时，迎合众多的中小企业的 CAD 需求，一举进入并获得了巨大的成功。进入 90 年代，参数化技术变得成熟起来，充分体现出其在许多通用件、零部件设计上存在的简便易行的优势。踌躇满志的 PTC 先行挤占低端的 AutoCAD 市场，致使在几乎所有的 CAD 公司营业额都呈上升趋势的情况下，Autodesk 公司营业额却增长缓慢，市场排名连续下挫；继而 PTC 又试图进入高端 CAD 市场，与 CATIA、I-DEAS、CV、UG 等群雄逐鹿，并且进入汽车及飞机制造业市场，很快使得 PTC 在 CAD 市场份额排名上名列前茅。可以认为，参数化技术的应用主导了 CAD 发展史上的第三次技术革命。

4. 第四次 CAD 技术革命—更上一层楼的变量化技术

参数化技术的成功应用，使得它在 90 年代初期，几乎成为 CAD 业界的标准，许多软件厂商纷纷起步追赶。但是技术理论上的认可并非意味着实践上的可行性。由于 CATIA、CV、UG、EUCLID 都在原来的非参数化模型基础上开发或集成了许多其它应用，包括CAM、PIPING和CAE接口等，在CAD方面也做了许多应用模块开发。重新开发一套完全参数化的造型系统困难很大，因为这样做意味着必须将软件全部重新改写，何况他们在参数化技术上并没有完全解决好所有问题。因此他们采用的参数化系统基本上都是在原有模型技术的基础上进行局部、小块的修补。考虑到这种参数化的不完整性以及需要很长时间的过渡时期，CV、CATIA、UG在推出自己的参数化技术以后，均宣传自己是采用复合建模技术，并强调复合建模技术的优越性。这种把线框模型、曲面模型及实体模型叠加在一起的复合建模技术，并非完全基于实体，只是主模型技术的雏形，难以全面应用参数化技术。由于参数化技术和非参数化技术内核本质不同，用参数化技术造型后进入非参数化系统还要进行内部转换，才能被系统接受，而大量的转换极易导致数据丢失或其它不利条件。这样的系统由于其在参数化技术上和非参数化技术上均不具备优势，系统整体竞争力自然不高，只能依靠某些实用性模块上的特殊能力来增强竞争力。可是30年的CAD软件技术发展也给了我们这样一点启示：决定软件先进性及生命力的主要因素是软件基础技术，而并非特定的应用技术。1990年以前的SDRC公司已经摸索了几年参数化技术，当时也面临同样的抉择：是否同样采用逐步修补方式，继续将其I-DEAS软件参数化下去，这样做风险小但必然导致产品的综合竞争力不高；但是否一定要走参数化这华山一条路呢？积数年对参数化技术的研究经验以及对工程设计过程的深刻理解，SDRC的开发人员发现了参数化技术尚有许多不足之处。首先，全尺寸约束这一硬性规定就干扰和制约着设计者创造力及想象力的发挥。

全尺寸约束，即设计者在设计初期及全过程中，必须将形状和尺寸联合起来考虑，并且通过尺寸约束来控制形状，通过尺寸的改变来驱动形状的改变，一切以尺寸(即参数)为出发点。一旦所设计的零件形状较为复杂时，面对满屏幕的尺寸，如何改变这些尺寸以达到所需要的形状就很不直观；再者，如在设计中关键形体的拓扑关系发生改变，失去了某些约束的几何特征也会造成系统数据混乱。事实上，全约束是对设计者的一种硬性规定。一定要全约束吗？一定要以尺寸为设计的先决条件吗？欠约束能否将设计正确进行下去？沿着这个思路，在对现有各种造型技术进行了充分地分析和比较以后，一个更新颖大胆的设想产生了。SDRC的开发人员以参数化技术为蓝本，提出了一种比参数化技术更为先进的实体造型技术——变量化技术，作为今后的开发方向。SDRC的决策者们权衡利弊，同意了这个方案，决定在公司效益 正好之时，抓住机遇，从根本上解决问题，否则日后落后无疑。于是，SDRC 公司从 1990 至 1993 年，历经 3 年时间，投资一亿多美元，将软件全部重新改写，于 1993 年推出全新体系结构的 I-DEAS Master Series 软件。在早期出现的大型 CAD 软件中，这是唯一一家在九十年代将软件彻底重写的厂家。

众所周知，已知全参数的方程组去顺序求解比较容易。但在欠约束的情况下，其方程联立求解的数学处理和在软件实现上的难度是可想而知的。SDRC 攻克了这些难题，并就此形成了一整套独特的变量化造型理论及软件开发方法。在 I-DEAS Master Series(以下简称 I-DEAS MS)软件系列中，变量化的理念是按如下步骤一步步实现的：

- I-DEAS MS 1 用主模型技术统一数据表达，变量化构画草图；
- I-I-DEAS MS 2 变量化截面整形；
- I-I-DEAS MS 3 变量化方程；
- I-I-DEAS MS 4 变量化扫掠(曲面)；
- I-I-DEAS MS 5 变量化三维特征，VGX；
- I-I-DEAS MS 6 变量化装配，PMI 等。

变量化技术既保持了参数化技术的原有的优点，同时又克服了它的许多不利之处。它的成功应用，为 CAD 技术的发展提供了更大的空间和机遇。而且 SDRC 这几年业务的快速增长，也证明了它走的这条当时看起来是充满风险的研发道路是绝对正确的。事实上，I-DEAS MS1 发布时，SDRC 市场排名仅位居第 9，而在此以后，SDRC 每年的排位都要超越一、两位同行，很快，SDRC 的市场排名便上升至第 3 位。无疑，变量化技术成就了 SDRC，也驱动了 CAD 发展的第四次技术革命。

以史为鉴，可知兴衰。众多 CAD 厂商的成败无一不与其技术发展密切相关。温故而知新。CAD 技术基础理论的每次重大进展，无一不带动了 CAD/CAM/CAE 整体技术的提高以及制造手段的更新。技术发展，永无止境。没有一种技术是常青树，CAD 技术一直处于不断的发展与探索之中。正是这种此消彼长的互动与交替，造就了今天 CAD 技术的兴旺与繁荣，促进了工业的高速发展。今天，越来越多的人认识到 CAD 是一种巨大的生产力，不断加入到用户行列之中。这也为 3D 打印技术的迅猛发展奠定了坚实的数据基础。

1.3.2 CAD软件技术的发展历程

1. 机械行业中的CAD软件技术的发展历程

(1) 第一次CAD技术创新——曲面造型技术

20世纪70年代,为解决飞机和汽车制造中遇到的大量的自由曲面问题,出现了贝塞尔算法,使人们利用计算机处理曲线及曲面问题变得可行,同时也使得法国达索飞机制造公司的开发者能在二维绘图系统CAD/CAM的基础上,开发出以表面模型为特点的自由曲面建模方法,推出了三维曲面造型系统CATIA。它的出现,标志着计算机辅助设计技术从单纯模仿工程图纸的三视图模式中解放出来,首次实现以计算机完整描述产品零件的主要信息,同时也使得CAM技术的开发有了现实的基础。

(2) 第二次CAD技术创新——实体造型技术

基于对CAD/CAE一体化技术发展的探索,SDRC公司于1979年发布了世界上第一个完全基于实体造型技术的大型CAD/CAE软件——I-DEAS。由于实体造型技术能够精确表达零部件的全部属性,在理论上有助于统一CAD/CAE/CAM的模型表达,给设计带来了惊人的便利性,它代表着未来技术的发展方向。

(3) 第三次CAD技术创新——参数化技术

进入20世纪80年代中期,CV公司内部以高级副总裁为首的人员提出了一种比无约束造型更新颖、更好的算法——参数化实体造型方法。从算法来说,它主要有以下特点:基于特征的设计、全尺寸约束、全数据相关、尺寸驱动设计修改。由于CV公司内部否决了参数化技术方案,研究参数化技术的人员在新思想无法实现时集体离开了CV公司,另成立了一个参数化技术公司(PTC),开始研制命名为Pro/ENGINEER的参数化软件。20世纪90年代,参数化技术变得成熟起来,充分体现出其在许多通用件、零部件设计上存在的简便易行的优势。

(4) 第四次CAD技术创新——变量化技术

SDRC公司以参数化技术为蓝本,提出了一种比参数化技术更先进的实体造型技术——变量化技术。变量化技术既保持了参数化技术的优点,同时又克服了参数化技术的许多不足之处,变量化技术的成功应用,为CAD技术的发展提供了更大的空间和机遇。同时,SDRC公司的I-DEAS成为美国福特汽车公司首选的CAD/CAM软件。

2. 工程设计行业中的CAD软件技术的发展历程

(1) 伟大的尝试——二维通用绘图软件

20世纪60年代末至70年代初，还没有为建筑设计服务的专门的CAD软件。他们所具有的基本特征只是通用的图形处理能力，而且主要是二维图形绘制及标注尺寸和符号等功能，可用于以图形表达设计意图的较广泛的领域。

(2) 真正的起步——二维建筑绘图软件

进入20世纪70年代，计算机硬件性能和计算机图形学有了很大的发展。建筑设计人员与软件设计人员密切配合，促使专业化的计算机辅助建筑设计(Computer Aided Architecture Design，CAAD)软件诞生，这可以称为第一代CAAD软件。值得指出的是，美国的通用绘图软件AutoCAD在建筑设计领域一直得到广泛地应用。

(3) 长足的飞跃——三维建筑模型软件

从20世纪80年代中期至20世纪90年代，在CAAD辅助绘图取得人们承认和接受后，实现了向更高层次的飞跃，诞生了第二代CAAD软件——三维建筑模型软件。三维建筑模型软件的研制思路是让建筑师在计算机上借助于三维模型进行设计构思，把三维的建筑设计方案与二维的成图过程串联起来工作，以三维模型为核心控制全局，充分发挥计算机的特点和优势，进行工程设计。

1.3.3 CAD技术的应用

20世纪70年代后期以来，一个以计算机辅助设计技术为代表的新的技术改革浪潮席卷了全世界，它不仅促进了计算机本身性能的提高和更新换代，而且几乎影响到全部技术领域，冲击着传统的工作模式。以计算机辅助设计这种高技术为代表的先进技术将进一步给人类带来巨大的影响和利益。计算机辅助设计技术的水平成了衡量一个国家工业技术水平的重要标志。

CAD是利用计算机强有力的计算功能和高效率的图形处理能力，辅助知识劳动者进行工程和产品的设计与分析，以达到理想的目的或取得创新成果的一种技术。它是综合了计算机科学与工程设计方法的最新发展而形成的一门新兴学科。CAD技术的发展是与计算机软件、硬件技术的发展和完善，与工程设计方法的革新紧密相关的。采用CAD技术已是现代工程设计的迫切需要。

CAD技术目前已广泛应用于国民经济的各个方面，其主要的应用领域有以下几个方面。

1. 制造业中的应用

CAD技术已在制造业中广泛应用，其中以机床、汽车、飞机、船舶、航天器等制造业应用最为广泛、深入。众所周知，一个产品的设计过程要经过概念设计、详细设计、结构分析和优化、仿真模拟等几个主要阶段。同时，现代设计技术将并行工程的概念引入到整个设计过程中，在设计阶段就对产品整个生命周期进行综合考虑。当前先进的CAD应用系统已经将设计、绘图、分析、仿真、加工等一系列功能集成于一个系统内。现在较常用的软件有UG II、I-DEAS、CATIA、PRO/E、Euclid等CAD应用系统，这些系统主要运行在图形工作站平台上。在PC平台上运行的CAD应用软件主要有Cimatron、Solidwork、MDT、SolidEdge等。由于各种因素，目前在二维CAD系统中Autodesk公司的AutoCAD占据了相当的市场。

2. 工程设计中的应用

CAD技术在工程领域中的应用有以下几个方面：

(1) 建筑设计，包括方案设计、三维造型、建筑渲染图设计、平面布景、建筑构造设计、小区规划、日照分析、室内装潢等各类CAD应用软件。

(2) 结构设计，包括有限元分析、结构平面设计、框/排架结构计算和分析、高层结构分析、地基及基础设计、钢结构设计与加工等。

(3) 设备设计，包括水、电、暖各种设备及管道设计。

(4) 城市规划、城市交通设计，如城市道路、高架、轻轨、地铁等市政工程设计。

(5) 市政管线设计，如自来水、污水排放、煤气、电力、暖气、通信(包括电话、有线电视、数据通信等)各类市政管道线路设计。

(6) 交通工程设计，如公路、桥梁、铁路、航空、机场、港口、码头等。

(7) 水利工程设计，如大坝、水渠、河海工程等。

(8) 其他工程设计和管理，如房地产开发及物业管理、工程概预算、施工过程控制与管理、旅游景点设计与布置、智能大厦设计等。

3. 电气和电子电路方面的应用

CAD技术最早曾用于电路原理图和布线图的设计工作。目前，CAD技术已扩展到印刷电路板的设计(布线及元器件布局)，并在集成电路、大规模集成电路和超大规模集成电路的设计制造中大显身手，并由此大大推动了微电子技术和计算及技术的发展。

4. 仿真模拟和动画制作

应用 CAD 技术可以真实地模拟机械零件的加工处理过程、飞机起降、船舶进出港口、物体受力破坏分析、飞行训练环境、作战方针系统、事故现场重现等现象。在文化娱乐界已大量利用计算机造型仿真出逼真的现实世界中没有的原始动物、外星人以及各种场景等,并将动画和实际背景以及演员的表演天衣无缝地结合在一起,在电影制作技术上大放异彩,拍制出一个个激动人心的大片。

5. 其他应用

除了在上述领域中的应用外,CAD 技术在轻工、纺织、家电、服装、制鞋、医疗和医药乃至体育方面都得到了应用。

第 2 章　3D 打印中常用的造型设计软件

三维 CAD 模型是 3D 打印的前提和基础，3D 打印所需的 CAD 造型有两种设计方法，一为实体造型设计，另一个为曲面造型设计。建模只是设计从想法到实体的中间过程，它将我们思想中的想法赋予可视化的形体，当然它的客体是人或者说是能思考和抽象出观念并形成可视化思想的大脑，这对设计者本身要求甚高，除要求掌握深厚的相关专业知识外，还要做出大量的采集信息及分析信息的工作。当然这也并不是说我们不能做设计工作，其实每个人都是设计师，只是我们的设计没有被别人认可（艺术要求）或被工程实际认可（工程要求）。所以设计不是难事，难的是你的设计目的。要获得人的认可还是工程的认可？抑或只是自己的兴趣？

当然每个人对设计都有自己的理解，但对于将设计赋予实际却在认知上殊途同归。那就是要让我们的想法成为作品。

第一步，为何设计？90％的设计来源于生活的需求。当你接到一个命题时首要任务当然是分析：完成这样的设计需要的信息以及怎样获取它，其实这些信息就是设计的要求和瓶颈，让你本来的设计在各种各样的要求中踯躅难行或者直接夭折，但设计本就如此，不满足要求就无法付诸实践。

第二步，在所有设计都经过严格筛选后，即将面临两个难题，一是学习语言及其规则（行业的专业知识），二是积累。当然若能掌握一些组合的技巧，那下一步绘图自然轻而易举。绘图需要技巧，也需要专业的技能。这是完成建模至关重要的一步。

最后将 CAD 文档输出到 3D 打印设备并打印出成品，这是本书所要阐述的主体。

设计的工作流程可用以下流程描述。

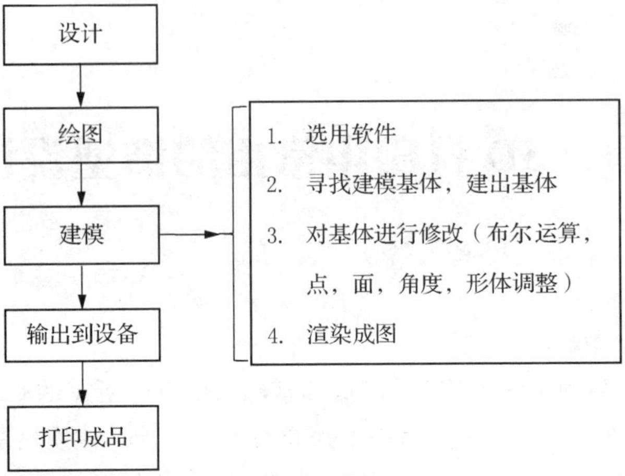

2.1 3DS MAX 造型设计基础

2.1.1 3DS MAX 简介及特点

3DS MAX 是一款强大的计算机建模软件，在实体造型建模和曲面造型建模方面发展尤为成熟，是一款比较容易上手的建模软件。广泛应用于广告、影视、工业设计、建筑设计、三维动画、多媒体制作、游戏、辅助教学以及工程可视化等领域。

3DS MAX 被广泛应用的理由有：可利用插件(plugins)进行扩展系统功能，由于可选插件很多，在业内称 3DS MAX 为“插件大师”。3DS MAX 记录了模型制作过程的所有步骤，便于用户修改、回退等操作，使模型设计有了较大的自由度。3DS MAX 一方面极力的迎合了普通用户的设计习惯和视觉感受，一方面又能够对所有设计对象进行精确定位及坐标变换。3DS MAX 还拥有强大的角色动画制作能力，并且对硬件配置的要求不高。

2.1.2　3DS MAX 工作界面

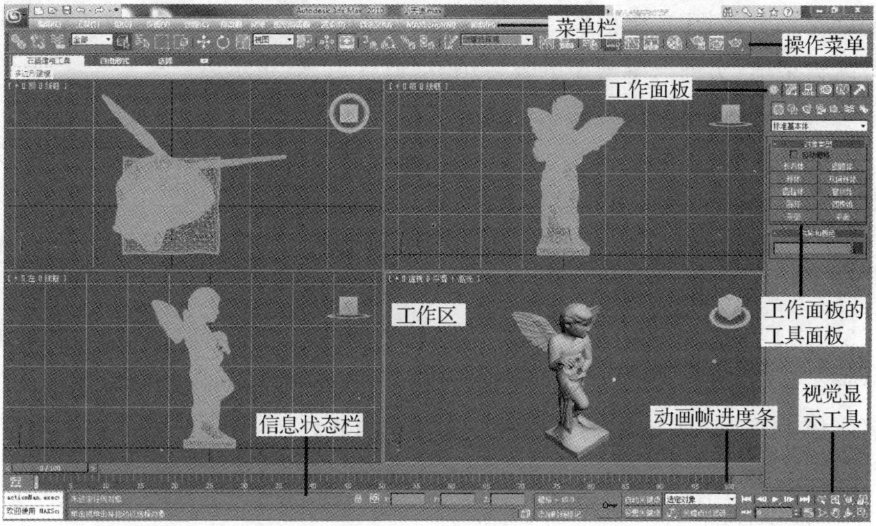

图 2-1-1　3DS MAX 工作界面介绍

1. 窗口的划分

3DS MAX 的窗口与一般 Windows 窗口相比，内容相对丰富、繁多，用户应更多关注以下内容。

(1) 菜单栏与工具栏

菜单栏包括了 3DS MAX 的几乎所有的操作命令，包括编辑、工具、组、视图、创建、动画、图形编辑器、渲染、自定义、脚本、帮助等菜单。

多个工具栏展示了常用的菜单命令，用户可以任意摆放其位置。

(2) 视图区与视图控制区

视图区占据了窗口的最大面积，一般分为多个子区，分别显示模型的标准视图及透视图。右下角的视图控制区，能够改变观察模型的方位、距离、角度、视角等，并能管理视图区中的子区的数量与大小。

(3) 命令面板

命令面板组合了创建、动画、图形编辑器等菜单的功能，使复杂的模型操作更加直观、便捷。命令面板由命令卷展栏和参数栏组成。

命令卷展栏中按照层次关系，组织了若干类的操作命令。当用户选择了某个命令之后，参数栏显示相应命令的默认参数，供用户修改、确认。3DS MAX

经过计算提供的这些默认参数，常常引导着一个优化的设计方案。

2. 命令菜单介绍

创建菜单：创建二维模型（线、多边形）、三维标准模型（面、球、立方体）等。

编辑菜单：实现三维模型的复合运算（放样运算、布尔运算）。

组菜单：实现模型集合的组合运算。

对初学者而言，3DS MAX 的命令界面有些繁杂，但其条理是清晰的，分级的菜单和命令面板都在引导设计者的操作。

2.1.3 实体建模实例一

3DS MAX 本身功能非常丰富，需要较长的学习与练习时间，初学者才能熟练掌握。本节选取一个有代表性的设计目标，逐步讲解设计过程，以点带面带领读者了解 3DS MAX 的精髓。在模型设计完成之后，本节还讲解了利用 3D 打印进行模型输出的技术。

1. 建模目标

目标是建立一个框球模型。模型由方框、球壳、正六棱台基座、连接球等 4 个部分组成，参见表 2-1-1。

表 2-1-1 目标模型及参数

目标模型	参 数
	方框：外框长 100，内框长 80； 球壳：外径 45，内径 35； 正六棱台基座：底面边长 30，顶面边长 10，绕中心轴扭曲 90°； 连接球：球心是方框的外顶点，它与基座的顶面相切，其半径 14。 （单位：mm）

2. 制作方框

(1) 调整系统单位

单击菜单项“自定义”→“单位设置”，弹出“单位设置”对话框，如图 2-1-2(a)，图 2-1-2(b)所示。点击按钮“系统单位设置”，弹出“系统单位设置”对话框,在其中设置“系统单位比例”为“毫米”,如图 2-1-2(c)所示。

(a) 菜单　　(b) “单位设置”对话框　　(c) “系统单位设置”对话框

图 2-1-2　调整系统单位

(2) 创建主正方体

在“命令面板”中选择“创建”页面;在其中选择“几何体”图标;在几何体列表框中,选择“标准基本体”;在对象类型中,选择“长方体”命令设置参数为:长 100 mm,宽 100 mm,高 100 mm。在视图区,随着点击、拖动鼠标,一个正方体被创建出来。该立方体就是主正方体。

操作结果界面如图 2-1-3(b)所示。

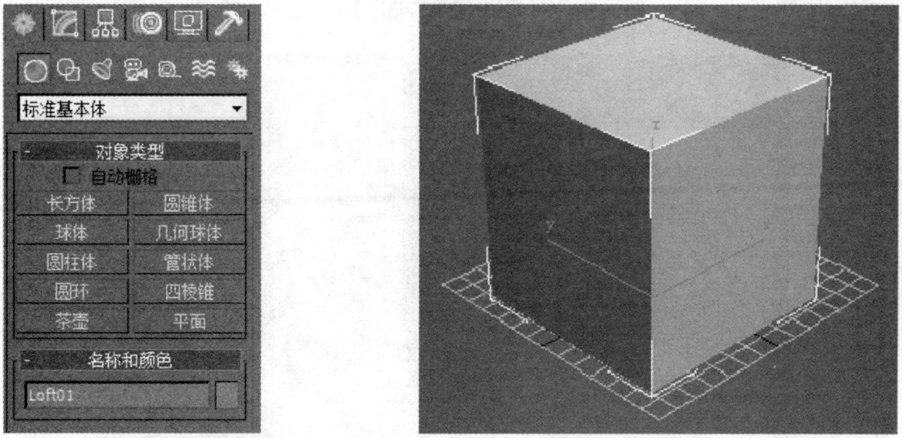

(a) 命令面板　　(b) 视图区

图 2-1-3　创建主正方体

（3）创建 3 个长方体

创建 3 个长方体用于在主正方体进行布尔运算。

具体参数如下：绘制长方体 1（长 80 mm，宽 80 mm，高 150 mm），长方体 2（长 150 mm，宽 80 mm，高 80 mm），长方体 3（长 80 mm，宽 150 mm，高 80 mm），绘制长方体的方法参照主正方体的绘制。绘制结果如图 2－1－4 所示。

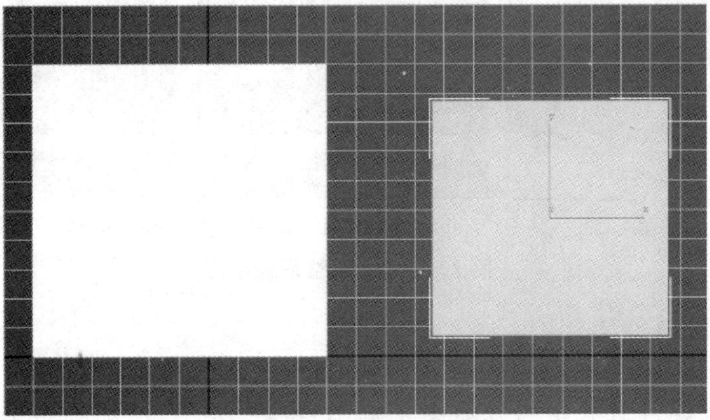

图 2－1－4　绘制长方体 1

（4）模型对齐

点选上一步所创建的长方体，选择上侧操作菜单里“对齐”命令，点选图中正方体，在弹出的“对齐对话框”中修改参数，如图 2－1－5 所示，单击确认。

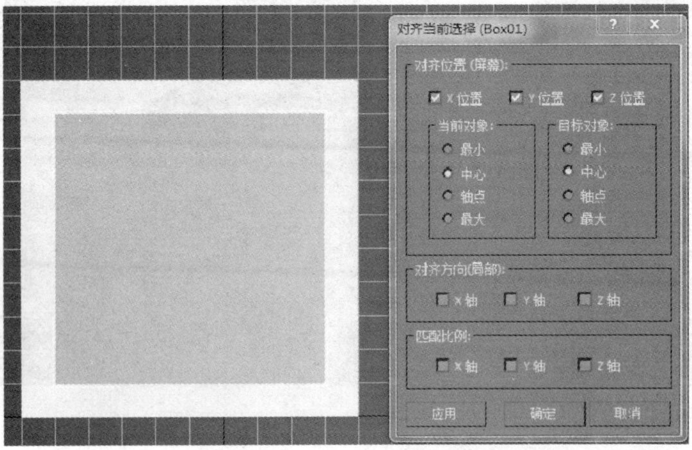

图 2－1－5　对齐参数的修改

(5) 模型相减

点击工作面板工具面板里的如图 2-1-6(a)所示的下拉卷展栏选择“复合对象”,如图 2-1-6(b)选中长方体,单击“布尔”命令卷展栏下的“拾取操作对象 B”按钮,选择“差集(B—A)”命令,点选正方体,完成修剪命令如图 2-1-6(c)所示。

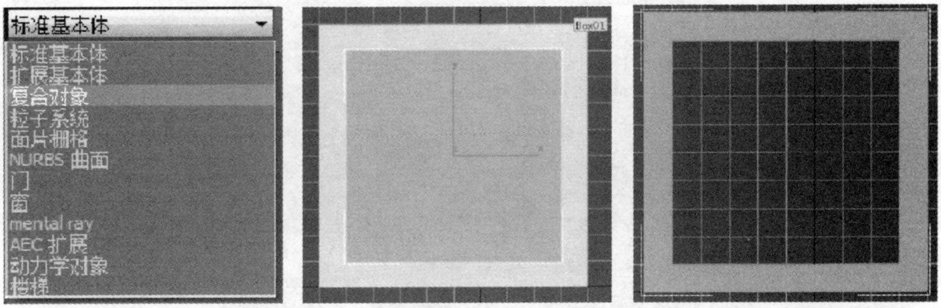

(a) 选择“复合对象”命令　(b) 对两长方体进行对齐操作　(c) 长方体相减命令

图 2-1-6　模型相减

完成三个长方体的布尔相减运算,最后结果如图 2-1-7 所示。

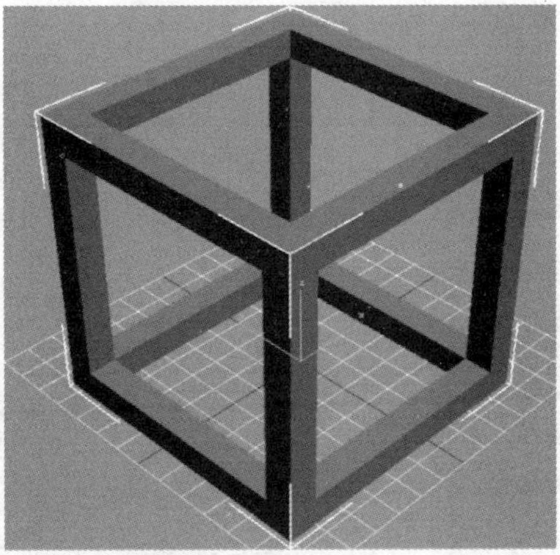

图 2-1-7　立方体框

3. 制作球壳

(1) 创建连杆和大球

① 制作连杆。

为了精确定位体对角线,这里开启 3DS MAX 的空间点捕捉命令 ,如图

2－1－8所示点击“三维点捕捉”按钮并点击鼠标右键，在弹出的“栅格和捕捉设置”对话框中只点选“顶点”并关闭对话框。

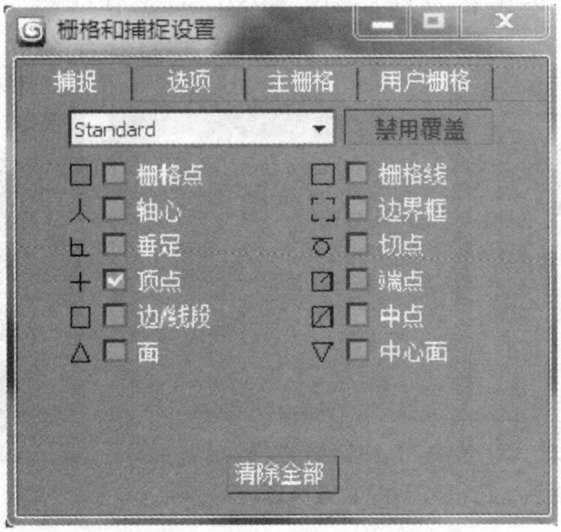

图 2－1－8　栅格和捕捉设置对话框

选择二维图标按钮下的“线”命令，绘制如图 2－1－9(a)所示的体对角线，单击鼠标右键退出，如图 2－1－9(b)所示。

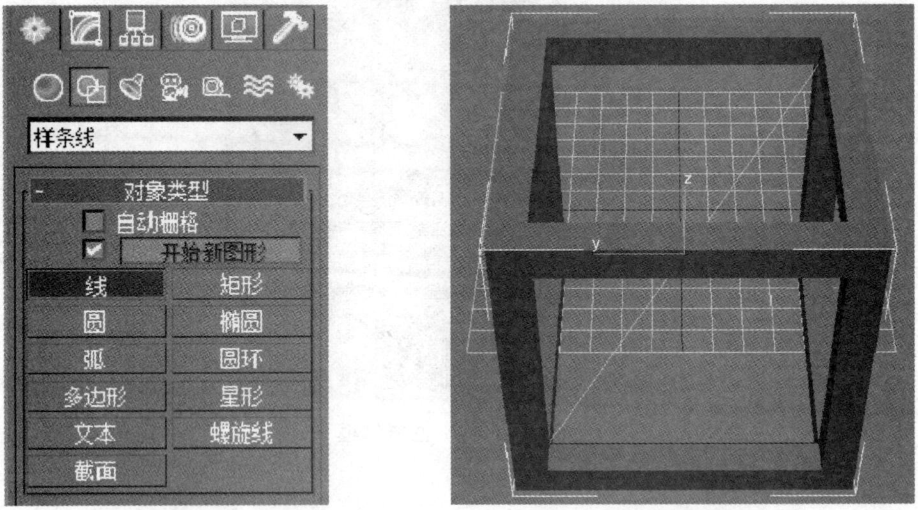

(a) 选择线命令　　(b) 绘制体对角线

图 2－1－9　绘制体对角线

点击“圆”命令，并在透视图中绘制半径 $R=3$ 的圆。如图 2-1-10 所示。

(a) 二维“圆”线框　　(b) 绘制圆

图 2-1-10　绘制圆

在工作视窗点选体对角线，点选右侧“标准基本体”下拉菜单里的“复合对象”，点击“放样”命令，在“创建方法”下点击“获取图形”命令，点选上一步骤所画的圆，完成放样图形的绘制，点选放样图形，并点击菜单栏下的“缩放”命令将放样图形缩放到合适位置。如图 2-1-11 所示。

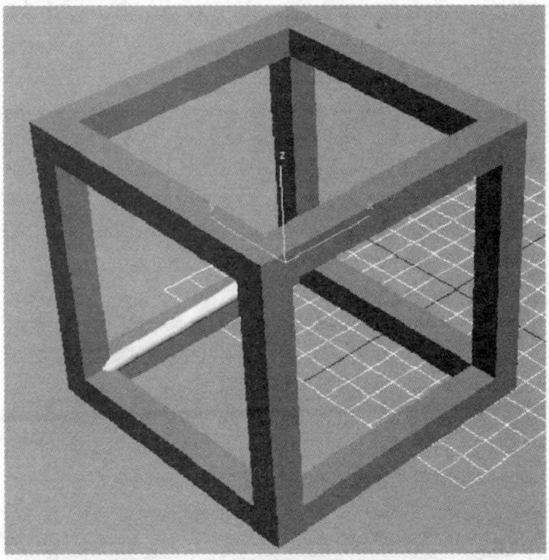

图 2-1-11　绘制连杆

② 制作大球。

将“标准基本体”卷展栏回归，并选择“球”命令，在视图区中绘制一个半径 $R=45$ 的球体，运用“对齐”命令与“框体”对齐，如图 2-1-12 所示。

图 2-1-12　制作大球

(2) 创建小球

再次选择“球”命令，在视图区中绘制一个半径 $R=35$ 的球体，运用“对齐”命令与“球体”对齐。这里可以改变视图为“线框模式”，将鼠标移至视图区左上角并将其悬停在视图显示“平滑＋高光”上，并点击鼠标右键选择“线框”即可。如图 2-1-13 所示。

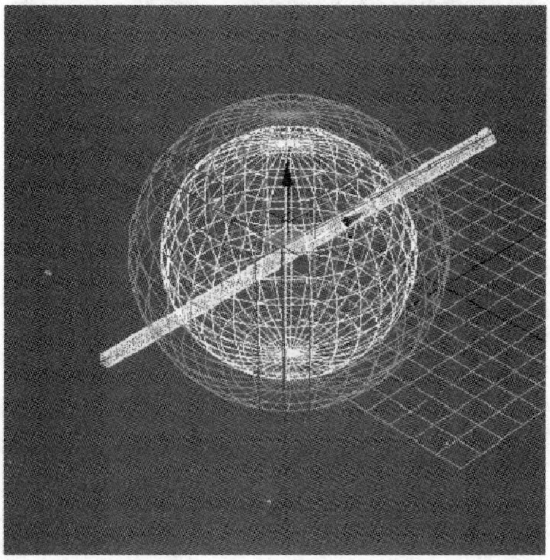

图 2-1-13　制作小球

(3) 模型相减

运用“布尔”命令将两球做减法，得到球壳如图 2-1-14(a)所示。结果如图

2-1-14(b)所示。并将其与正方体框，正方体对角圆柱体，运用“布尔”运算作“并集”运算。得到如图 2-1-14(c)所示模型。

(a) 模型相减　　(b) 显示球壳　　(c) 布尔并集

图 2-1-14　模型相减

4. 制作连接球

选择球体在如图 2-1-15 所示的框顶点创建一个半径 $R=14$ 的球体。

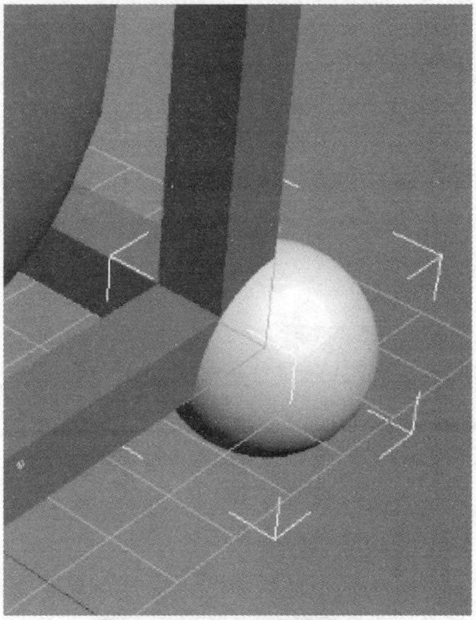

图 2-1-15　制作连接球

5. 制作基座

(1) 创建正六棱台

仿照制作连杆放样操作，从而建立正六棱台。建立正方体框的体对角线，体对角线的位置为:位于半径为 14 的小球所在的顶点相对应那条。(此时连接球为隐藏状态,操作为:选中连接球并单击鼠标右键,在弹出的快捷菜单上选择“隐藏当前选择”。)如图 2-1-16 所示。

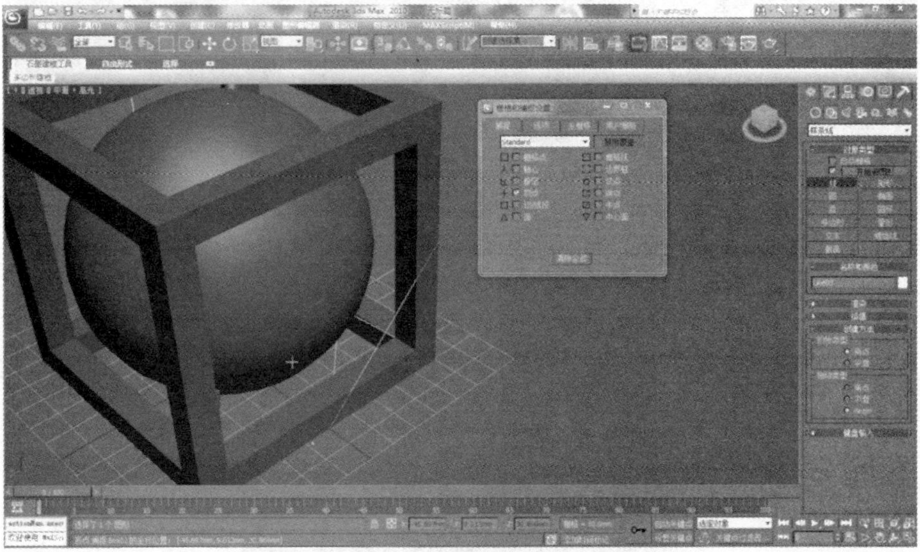

图 2-1-16 绘制体对角线

仿照前文创建圆命令,在二维工具菜单下选择“多边形”命令,并创建正六边形,边长为 14,选择放样命令完成正六棱台的制作。将其移至与连接球相接位置,如图 2-1-17 所示。

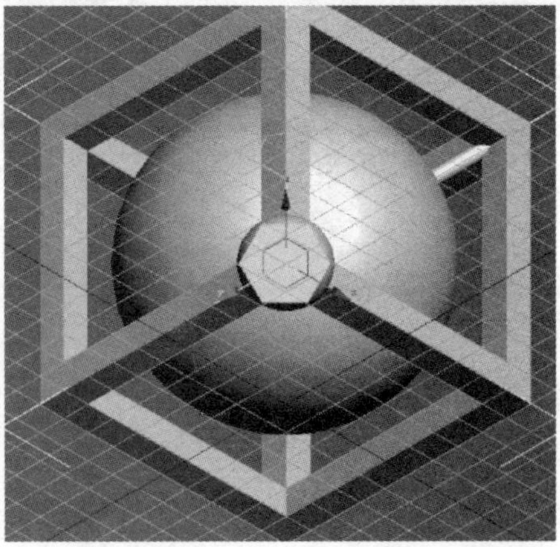

图 2-1-17 移动正六棱台

(2) 扭曲正六棱台

选择放样实体,并单击鼠标右键,选择“转化为”次级菜单下的“可编辑多边形”并点击“点”次级按钮,对点进行放大操作。如图 2-1-18 所示。

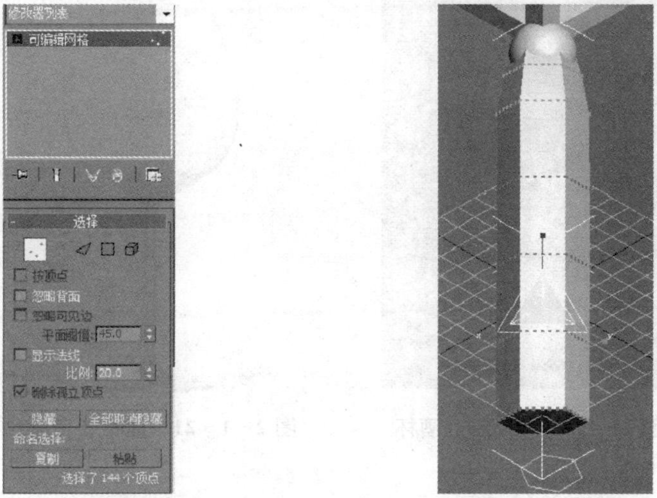

(a) 选择点命令　　(b) 对点进行放大操作

图 2-1-18　扭曲正六棱台

参照前文改变视图模式为“正交模式”,对点进行旋转操作。

最后成品图如图 2-1-19 所示。

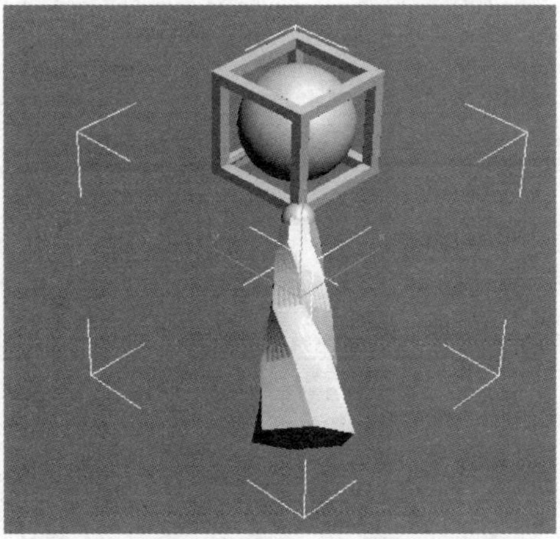

图 2-1-19　成品图

2.1.4 实体建模实例二

1. 建模目标

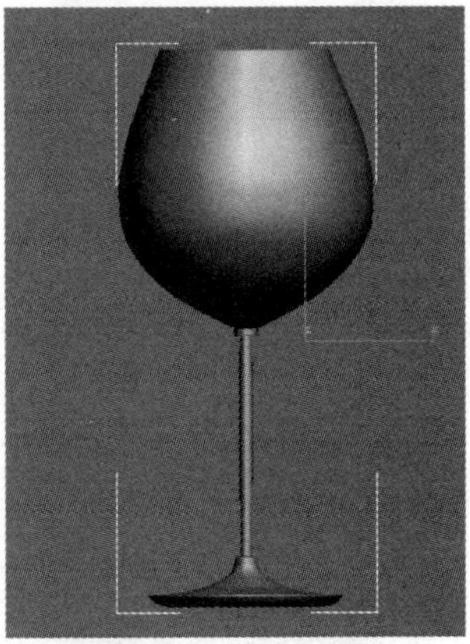

图 2-1-20 高脚红酒杯

图 2-1-21 建模参考图片

2. 查看参照图片尺寸

如图 2-1-22 所示查看参考图片“红酒杯”的尺寸，为下面的平面贴图设置精确的大小，防止贴图造成的图像变形。

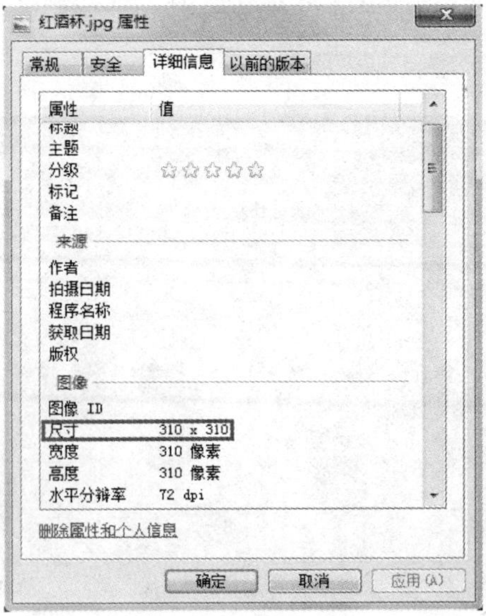

图 2-1-22 查看图片尺寸信息

3. 设置建模贴图

打开 3DS MAX 主界面，鼠标点击默认的透视图窗口，点击软件界面右下角放大当前窗口功能键，在英文输入法的前提下，按下快捷键“F”使视图转换成前视图模式。

在几何体—标准基本体中选择平面命令，创建 310×310 的平面，如图 2-1-23 所示。

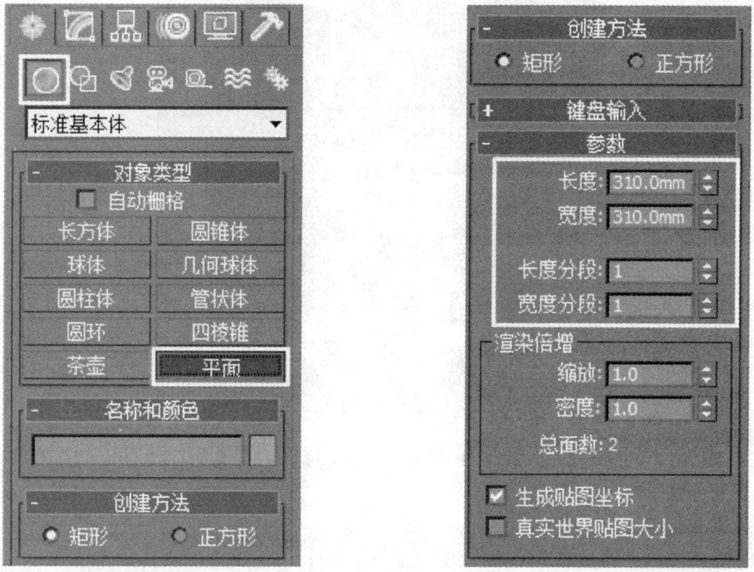

(a) 选择平面命令　　(b) 修改平面参数

图 2-1-23　创建平面

确保平面被选中的情况下，点击设置材质快捷键“M”键，如图 2-1-24 所示弹出材质编辑器对话框，为平面设置“红酒杯”的位图贴图。

鼠标点击材质编辑器对话框中第一个材质球，如图 2-1-25 所示，并点击下方的“将材质赋给物体”功能键，实现材质的赋予设置。

制作平面的材质，展开材质编辑器内的贴图卷展览，单击置换后面的“None”按钮，如图 2-1-26(a)所示。在弹出的材质/贴图浏览器中双击“位图”选项，如图 2-1-26(b)所示。

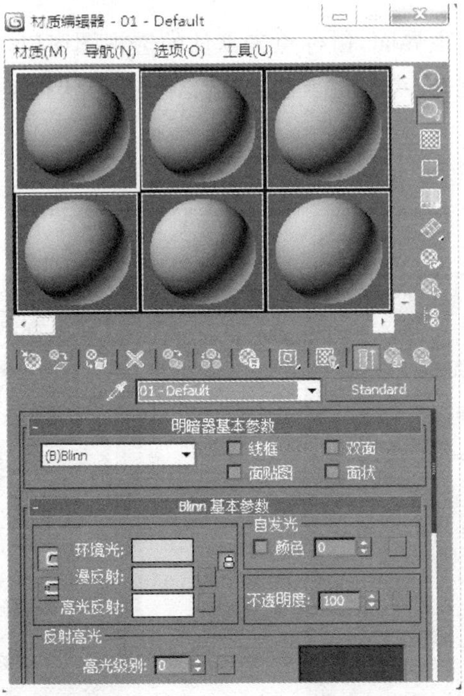

图 2-1-24　打开材质编辑器

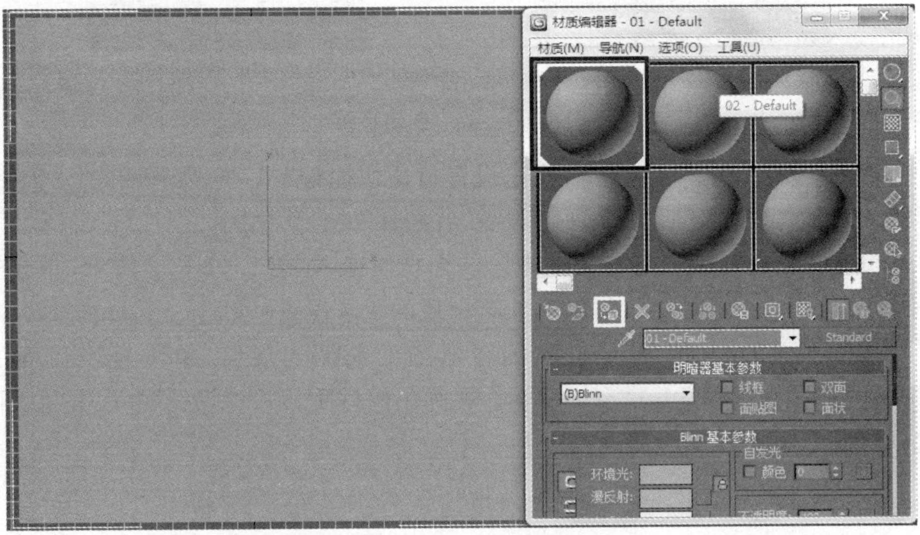

图 2-1-25　为平面赋予材质

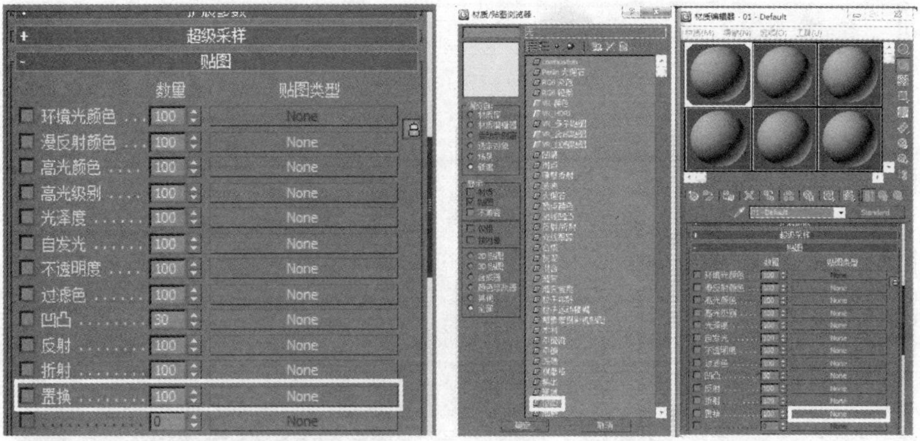

(a) 置换None按钮　　　　(b) 点击位图贴图

图 2-1-26　材质编辑

设置位图选项，在选择位图图像文件对话框中，浏览"红酒杯"图像文件并打开，如图 2-1-27(a)所示，注意所浏览的图像若路径过长将无法定位文件。点击材质编辑器内的"在视图中显示"功能键，效果如图 2-1-27(b)所示。

(a) 浏览参照图片

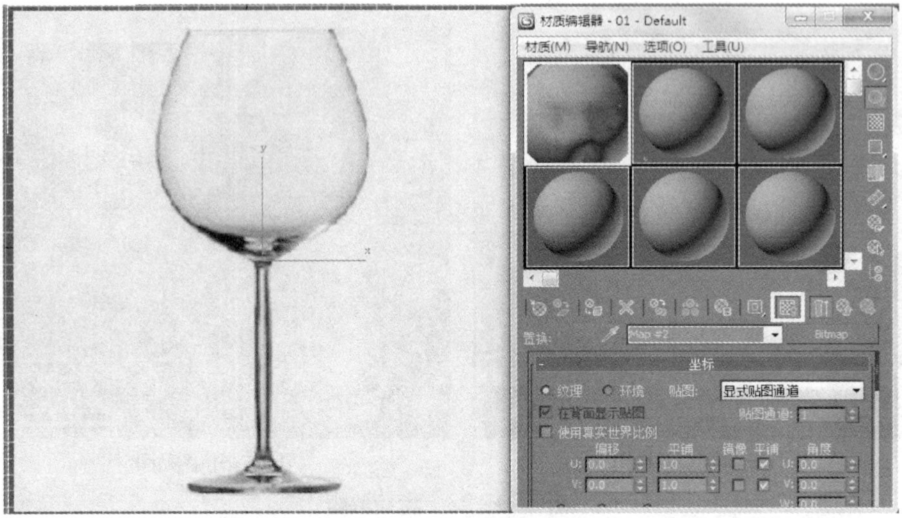

(b) 在视图中显示贴图

图 2－1－27　贴图

4. 冻结平面操作

为防止下列操作误选参照平面，首先对贴图的平面进行冻结。

选择并单击鼠标右键，在弹出的快捷菜单上选择“对象属性”并单击，在弹出的“对象属性”对话框中，去掉勾选“以灰色显示冻结对象”复选框，如图2－1－28所示。单击确定按钮，退出“对象属性”对话框。

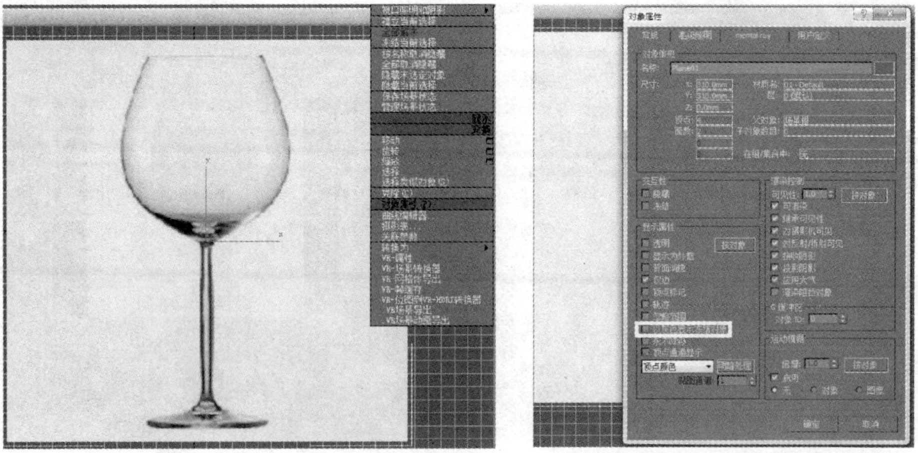

(a) 右键弹出属性修改快捷菜单　　(b) 取消勾选“以灰色显示冻结对象”

图 2－1－28　冻结平面 1

选择平面并右击，在弹出的快捷菜单中找到“冻结当前选择”选项并单击，如图 2 - 1 - 29 所示。此时平面已被冻结，鼠标操作将无法再次选中该平面。

图 2 - 1 - 29 冻结平面 2

5. 捕捉并修改红酒杯边缘线

点击软件界面右侧工作面板上的“二维线条”功能键，以便选择“线”命令，并将线条形式改为角点形式，如图 2 - 1 - 30 所示。

按参照图片上“红酒杯”的外边界进行捕捉二维线，捕捉边界过程中可以按下“i”键进行动态捕捉边界，以选择为在视图区的边界，注意所捕捉的边界只需“红酒杯”的一半。最后捕捉边界结果如图 2 - 1 - 32 所示。

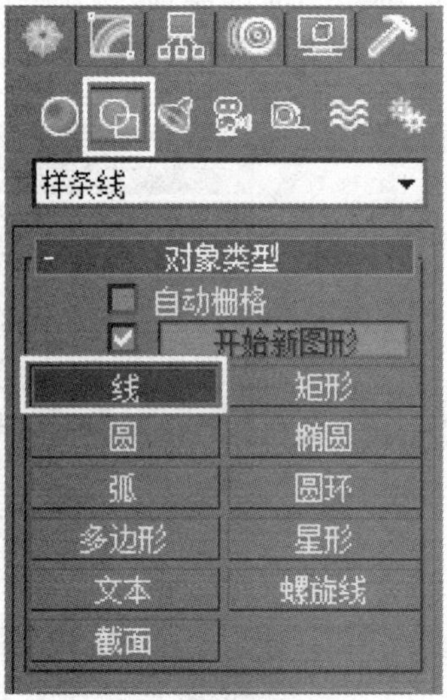

(a) 选择线条命令

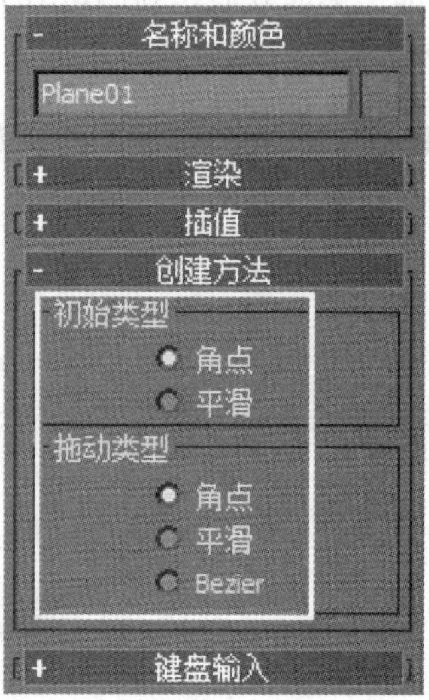

(b) 改为角点形式

图 2-1-30　线条修改

图 2-1-31　捕捉边线

图 2 - 1 - 32　最终边线捕捉结果

对捕捉的边界进行进一步微调，在选中边界线条的情况下，点击软件界面右侧工作面板上的“修改”功能键。并展开“线”卷展览，选择“顶点”命令。对视图区出现的点进行修改，如图 2 - 1 - 33 所示。

图 2 - 1 - 33　修改点的样式

选中需要调整的点，并单击鼠标右键在弹出的快捷菜单中为点设置合适的属性样式（包括角点、平滑 Bezier 等）并调整其位置。最终调整结果如图 2-1-34(b)所示。

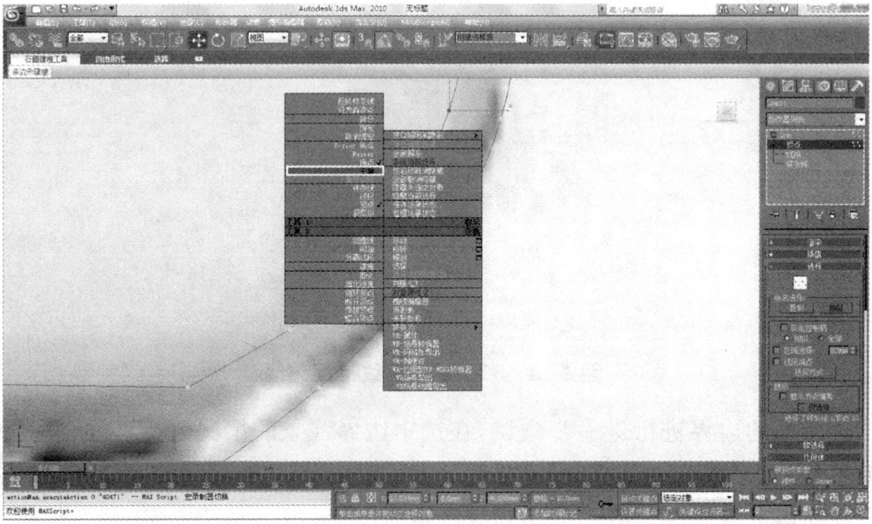

(a) 改变角点性质

(b) 最终结果

图 2-1-34 修改结果

在空白区单击鼠标右键在弹出的快捷键上选择全部解冻命令，并选择平面，按下"Delete"键删除平面。

6. 添加车削修改器完成建模

选中红酒杯外轮廓线条，选择右侧工作面板“修改”功能键，打开修改器列表并为其添加“车削”修改器。按图 2-1-35(a)所示修改参数，完成如图 2-1-35(b)所示红酒杯建模。

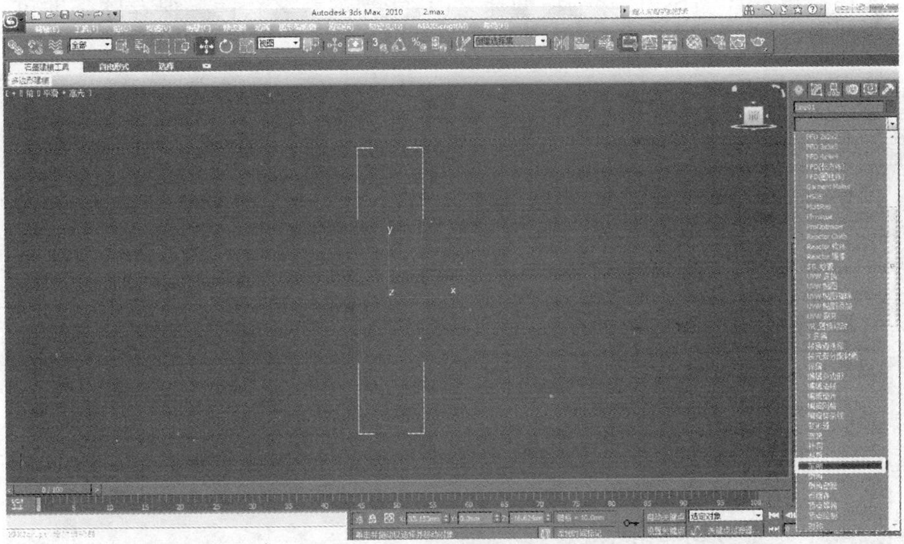

(a) 添加车削修改器

(b) 完成建模

图 2-1-35　建模修改

2.1.5 3DS MAX 模型在 3D 打印机上的实现

1. STL 文件的生成

在 3DS MAX 中选中模型，并点击文件菜单在弹出的菜单栏下选择导出命令，选择导出格式为 STL 并为模型命名（只能为英文名），选择保存路径即可，具体操作如下图所示：

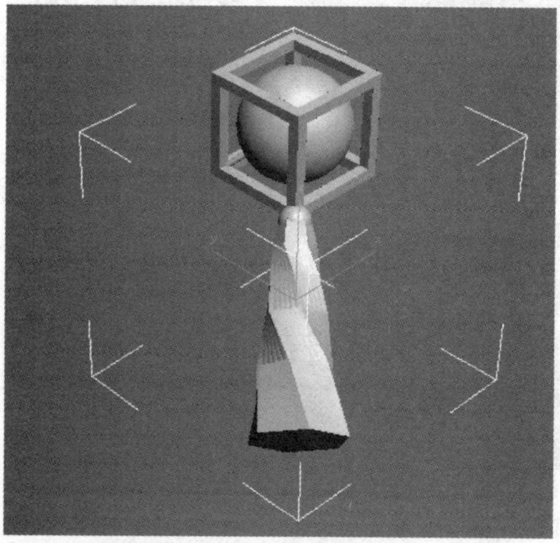

图 2-1-36 选中模型

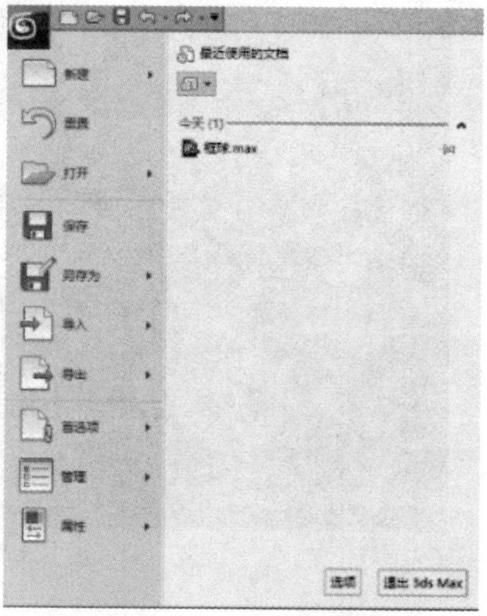

图 2-1-37 点击导出命令

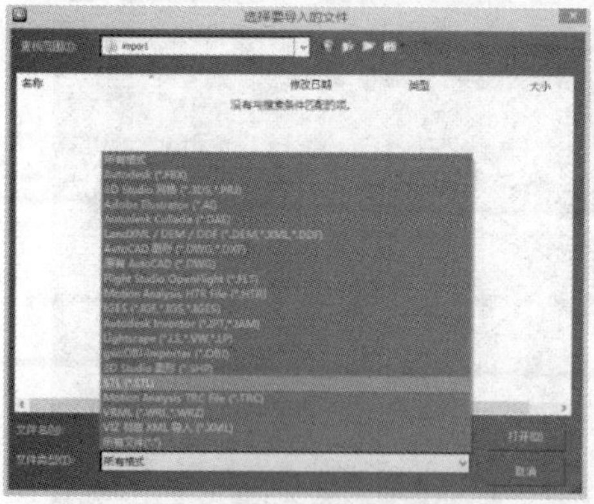

图 2-1-38 选择 STL 文件格式

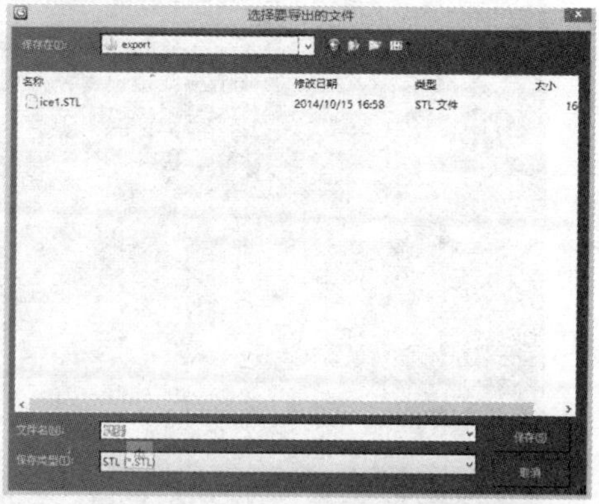

图 2-1-39 为模型命名

图 2-1-40　点击确定完成 STL 文件输出

2. 将模型输出到 3D 打印机

将上述设计的 CAD 模型以 STL 格式导入到 3D 打印机中即可实现模型的快速成型。本书以南京宝岩自动化公司开发的 DOGO 系列的 3D 打印机为例介绍 CAD 模型的打印过程。其中 DOGO480 三维立体打印机是基于熔融沉积制造技术的快速成型设备,其工艺过程是以热塑性成型材料丝为材料,材料丝通过加热器的挤压头熔化成液体,由计算机控制挤压头沿零件的每一截面的轮廓准确运动,使熔化的热塑材料丝通过喷嘴挤出,覆盖于已建造的零件之上,并在极短的时间内迅速凝固,形成一层材料。之后,挤压头沿轴向向上运动一微小距离进行下一层材料的建造。这样逐层由底到顶地堆积成一个实体模型或零件。该工艺的特点是实用、维护简单,成本较低,速度快,一般复杂程度原型仅需要几个小时即可成型,且无污染。通过 USB 与计算机连接就可以完成各种复杂三维实体模型的快速打印工作。

本书所用的 DOGO480 三维立体打印机的软件操作界面,如图 2-1-41 所示。

首先,单击工作菜单下的载入命令,载入框球 stl 文件,如图 2-1-42 所示。

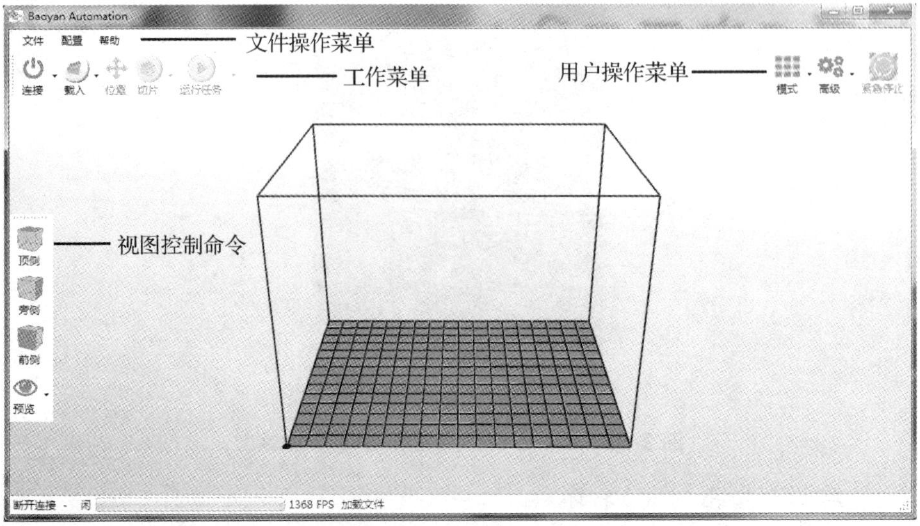

图 2-1-41　打印控制界面

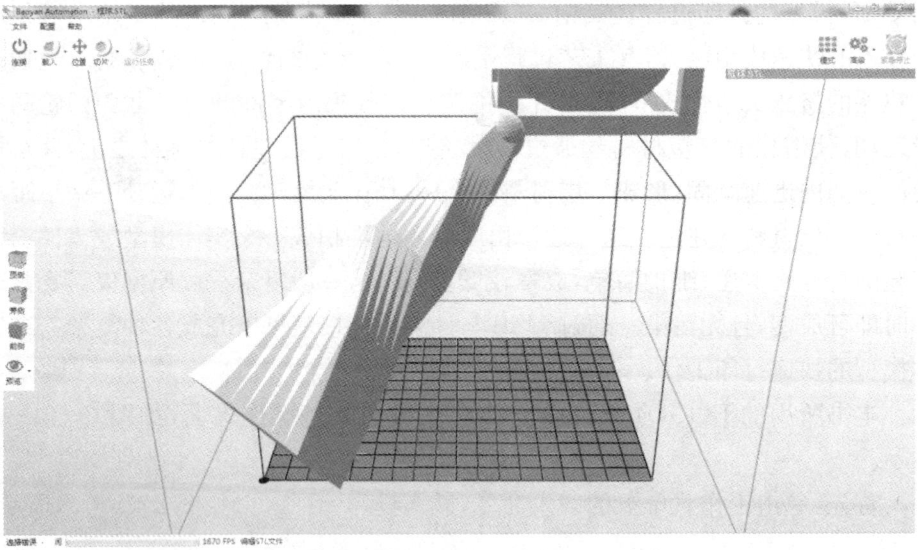

图 2-1-42　载入模型

单击位置下的缩放命令对框球的大小进行调整，如图 2－1－43 所示。

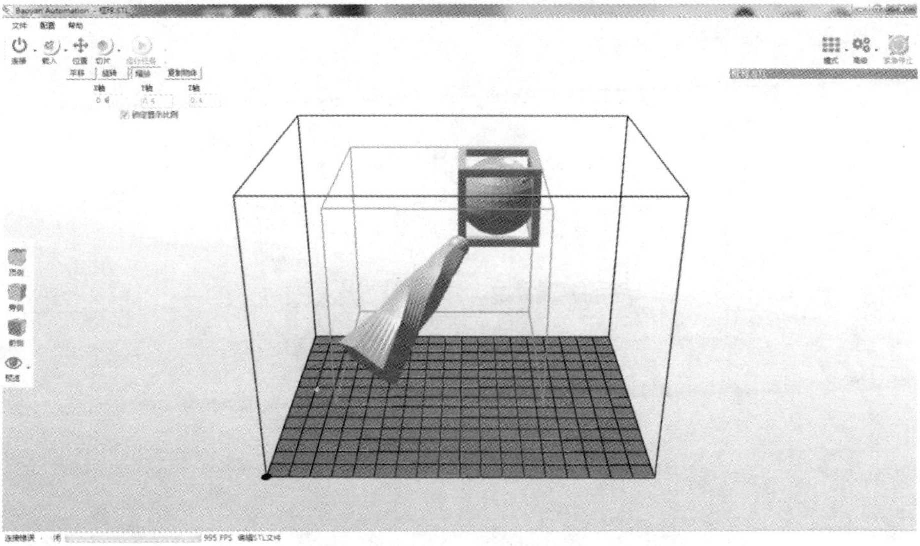

图 2－1－43　调整模型位置大小

单击位置下的旋转命令将模型调正。

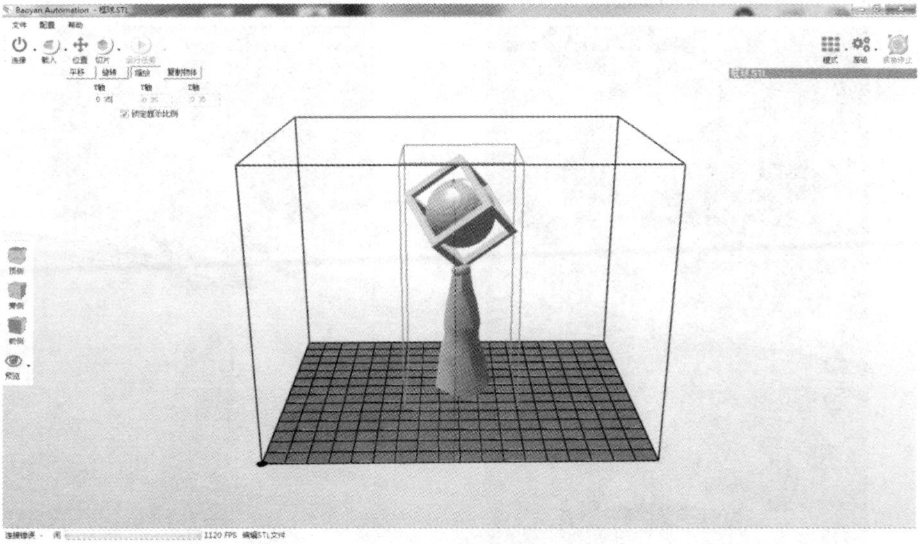

图 2－1－44　调整模型位置—旋转

单击位置下的平移命令选择物体对中命令。

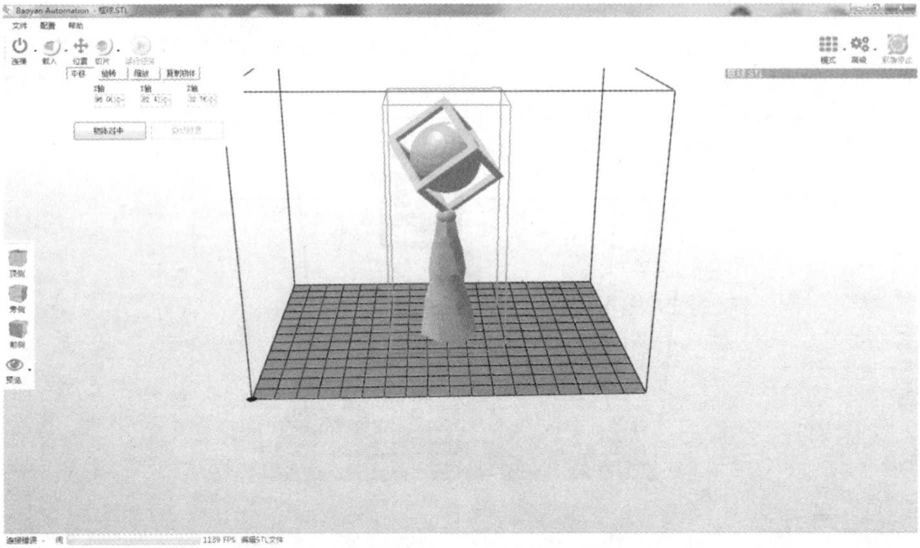

图 2－1－45　模型对中

连接打印机，点击切片命令，等待打印即可。

以下为模型与 3D 打印成品图的对比。

图 2－1－46　框球模型图

图 2－1－47　框球实物图

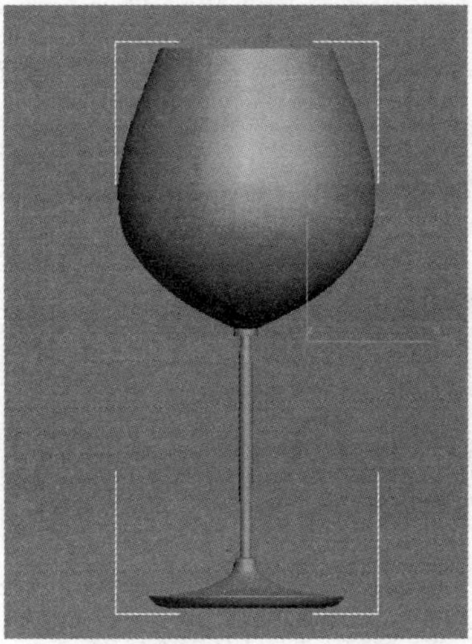

图 2-1-48 红酒杯模型

图 2-1-49 红酒杯打印实物

2.2 Rhinocero 造型设计

2.2.1 Rhinocero 简介及特点

Rhinocero，简称 Rhino，又叫犀牛，一般应用于工业设计领域，擅长产品外观造型建模，近年来在建筑、珠宝、家具、鞋模设计等行业也应用广泛。因为它的基本操作和 AutoCAD 有相似之处，所以拥有 AutoCAD 基础的初学者更易于掌握犀牛。

Rhino 的建模核心是 NURBS(非均匀有理 B 样条曲线)曲面技术：NURBS 可以精确地描述标准的几何图形及自由造型的几何图形，并且其描述的几何图形所需数据量远比一般的网格图形要少。犀牛包含了所有的 NURBS 建模功能，用它建模非常流畅，所以大家经常用它来建模，然后导出高精度模型给其他三维软件使用；Rhino 大小才几十兆，硬件要求也很低，十分平民化；但是其自身的渲染能力不强，实际运用时通常会加入 VRay、Brazil 插件，或者将其做好的模型导入到其他渲染功能强大的软件中，比如 KeyShot。

2.2.2 Rhino 工作界面

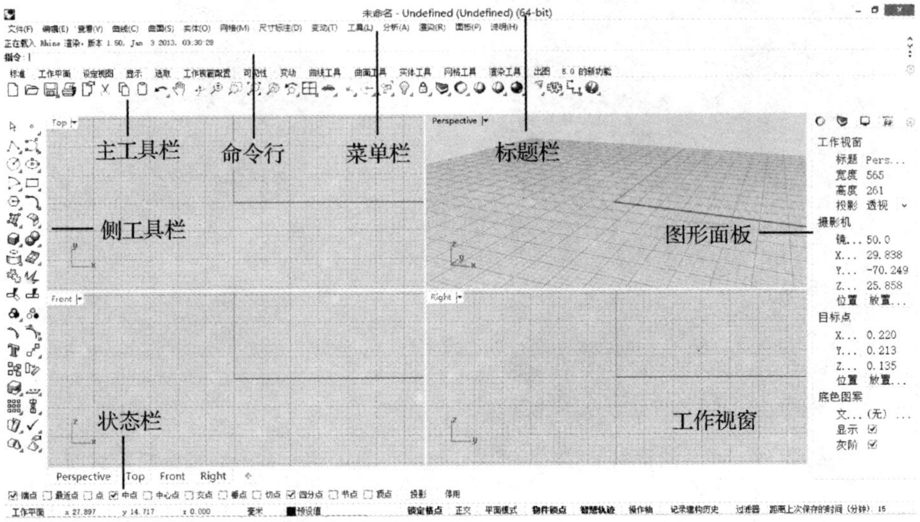

图 2-2-1 Rhino 的工作界面

1. 菜单栏

包含文件、编辑、查看、曲线、曲面、实体、网格、尺寸标注、变动、工具、分析、渲染、面板、说明共 14 个主菜单。

2. 命令行

Rhino 5.0 有着和 AutoCAD 相似的命令行，主要分为命令历史区和命令输入行两个部分，在命令输入行中可以输入命令来执行操作，完成操作后过程将被记录下来并显示在命令历史区。

3. 工作视窗

这是 Rhino 中用于工作的实际区域，占据了大部分空间，分为 4 个视窗：TOP(顶)视窗、FRONT(前)视窗、RIGHT(右)视窗、PERSPECTIVE(透视)视窗。用户一次只能激活一个视窗，当视窗被激活后时，位于视窗左上的标签会高亮显示，当双击视窗标签时，该视窗会最大化显示，如果将光标放在 4 个视窗的交接处，可以调节 4 个视窗的比例大小。

2.2.3 实体建模实例

Rhino 本身功能非常丰富，本节选取一个有代表性的设计目标，逐步讲解设计过程，期望能以点带面带领读者了解 Rhino 的精髓。

1. 建模目标

目标是建立一个笔筒模型。模型由内壁、外壁、内外壁连接三个主体部分组成，如图 2－2－2 所示。

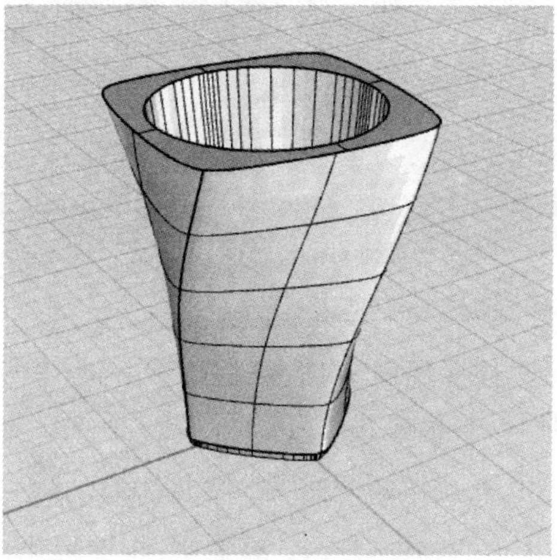

图 2－2－2　目标模型

2. 笔筒内壁建模

(1) 双击桌面犀牛图标，启动犀牛；

(2) 鼠标悬停在 TOP 视窗，点选左侧工具栏内的“画圆”命令，在命令行输入圆心坐标(0,0,0)，Enter 键确认，如图 2－2－3 所示，再输入半径 R＝2.5，Enter 键确认；

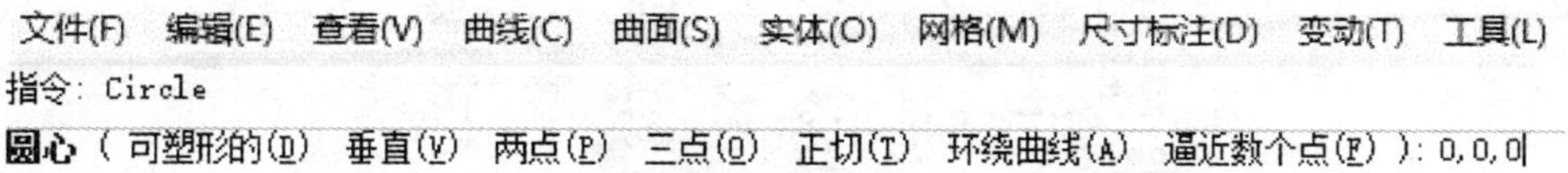

图 2－2－3　TOP 视窗

(3) 鼠标点选圆，当圆的颜色变为黄色即为选中状态。点选左侧工具栏“创建曲面”下拉菜单里的“直线挤出”命令，如图 2－2－4 所示，移动鼠标使圆的挤出方向为 Z 轴正向，在命令行输入挤出长度：12，Enter 键确认。

图 2-2-4　直线挤出

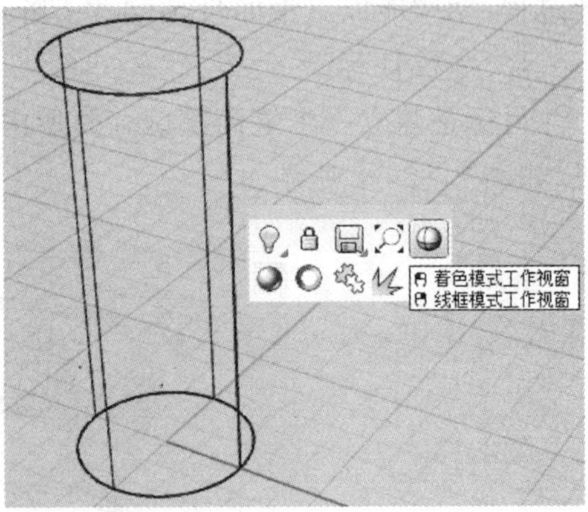

图 2-2-5　着色模式

(4) 将鼠标移动到“透视视窗”内的任意位置，按住鼠标中键，弹出“快捷工具栏”，将线框模式切换为着色模式，如图 2-2-5 所示。

(5) 点选“移动”下拉菜单里的“锥状化”命令，如图 2-2-6 所示。点选圆管曲面作为锥状化的物件，Enter 键确认；将鼠标悬停在顶或者透视窗口中，在命令行输入锥状轴的起点：0，0，0，Enter 键确认，输入锥状轴的终点：0，0，15，Enter 键确认；在 FRONT 视窗中移动鼠标至任意位置以确定起始距离，如图2-2-7所示，同样移动鼠标至任意位置确定终止距离，如图 2-2-8 所示。

图 2-2-6　内壁锥状化

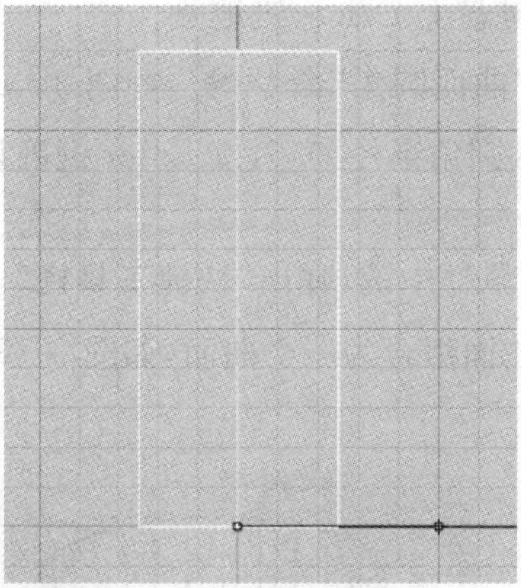

图 2-2-7 确定起始距离

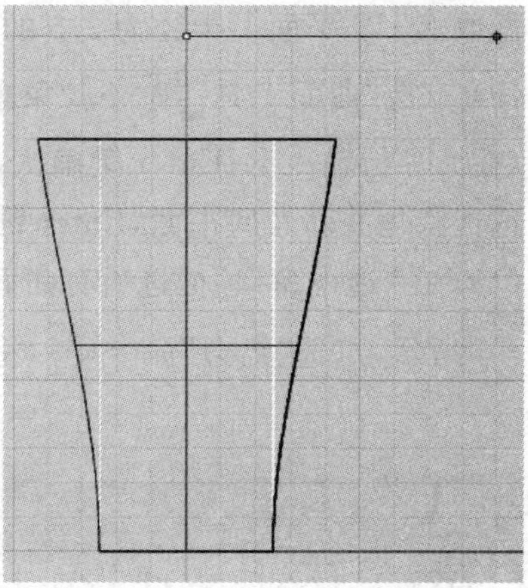

图 2-2-8 确定终止距离

(6) 点选“创建曲面”命令，在 TOP 平面任意选取 4 点创建平面(只要包住底面轮廓线即可)。

(7) 确认平面为选中状态，点选“移动”命令，在命令行输入移动起点：0，0，0，Enter 键确认，输入移动终点：0，0，1.5，Enter 键确认，如图 2-2-9 所示。

图 2-2-9 点选“移动”命令

图 2-2-10 修剪多余平面

(8) 点选左侧工具栏“修剪”命令，鼠标点选锥状化曲面，同时按住 Shift 键，选取移动后的平面，按 Enter 键确认，修剪平面下锥部及多余平面，按 Enter 键确认，如图 2-2-10 所示。

选取 X－Y 平面上半径为 2.5 的圆，按键盘上 Delete 键删除。

（9）点选“曲面工具”下拉菜单里的“曲面圆角”命令，如图 2－2－11 所示，在命令行输入 R，Enter 键确认，再输入圆角半径：0.5，按 Enter 键确认，鼠标点选锥状化曲面及底平面，Enter 键确认。

（10）在“透视窗口”框选所有曲面，按住鼠标中键，弹出“快捷工具栏”，如图 2－2－5 所示，点选“组合”命令，将所有曲面组合为一个曲面，如图 2－2－12 所示。

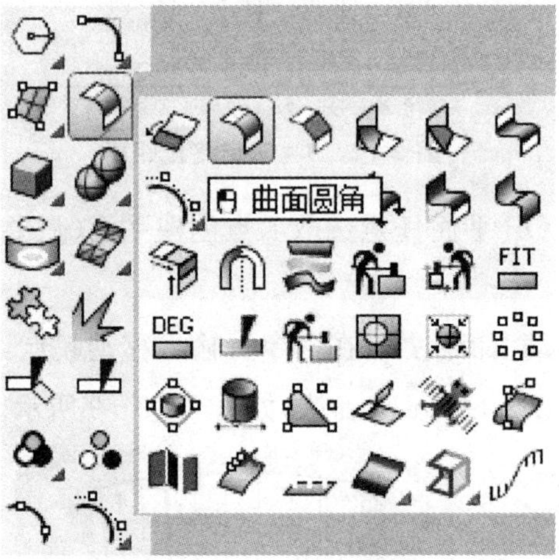

图 2－2－11　内壁曲面圆角

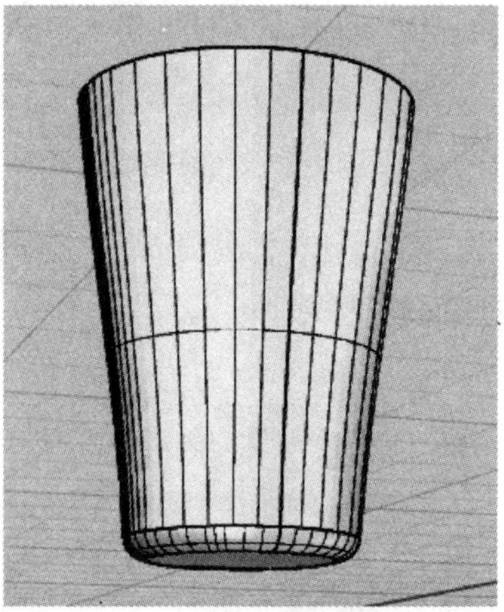

图 2－2－12　组合曲面

3. 笔筒外壁建模

（1）点选左侧工具栏内的画圆命令，在 TOP 平面上选取坐标原点为圆心，并在命令行输入半径 R＝3。重复 2 中笔筒内壁建模（1）、（2）步骤的过程，挤出高度与内壁高度相同，自此得到外壁锥状化曲面。

（2）为使图面清晰，将笔筒内壁隐藏：在“透视窗口”任意位置，按住鼠标中键，弹出“快捷工具栏”，如图 2－2－5 所示，点选“隐藏”命令。

（3）点选“移动”下拉菜单下的“扭转”命令，如图 2－2－6 所示。选择锥状化的曲面，按 Enter 键确认；在命令行输入扭转轴的起点：0，0，0，Enter 键确认，输入扭转轴的终点：0，0，15，Enter 键确认；在“TOP 视窗”中移动鼠标至任意位置以确定第一参考点，Enter 键确认，如图 2－2－13 所示；在命令行输入：45，以确定第二参考点，Enter 键确认，如图 2－2－14 所示。

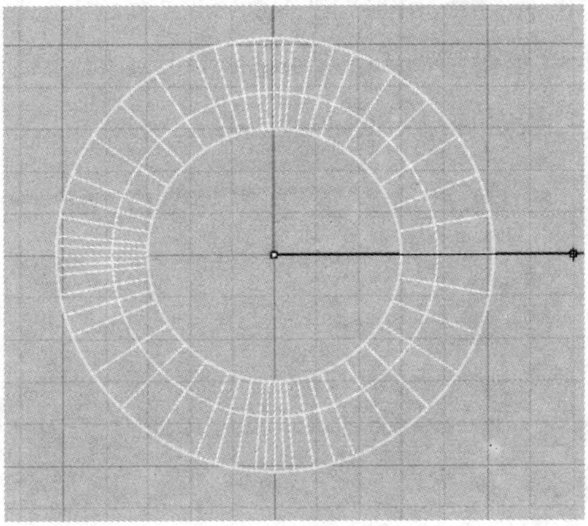

图 2-2-13　确定第一参考点

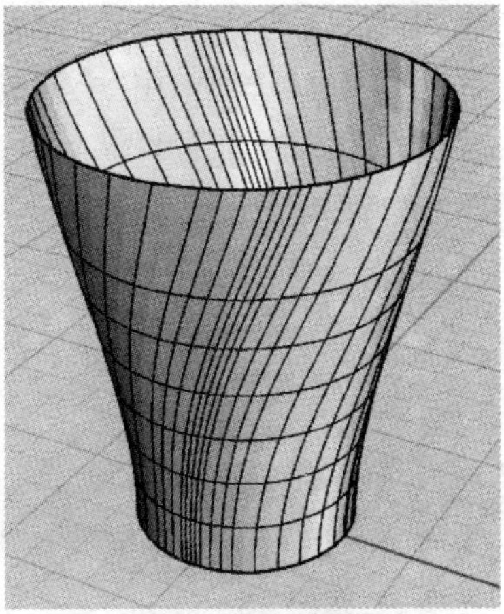

图 2-2-14　确定第二参考点

(4) 点选“曲面工具”下拉菜单里的“重建曲面”命令，如图2-2-11所示。点选扭转曲面为欲重建曲面，Enter 键确认，弹出“重建曲面”对话框，修改点数 U、V 为 8，其他参数不变，如图 2-2-15 所示，按确认结束重建曲面，如图 2-2-16 所示。

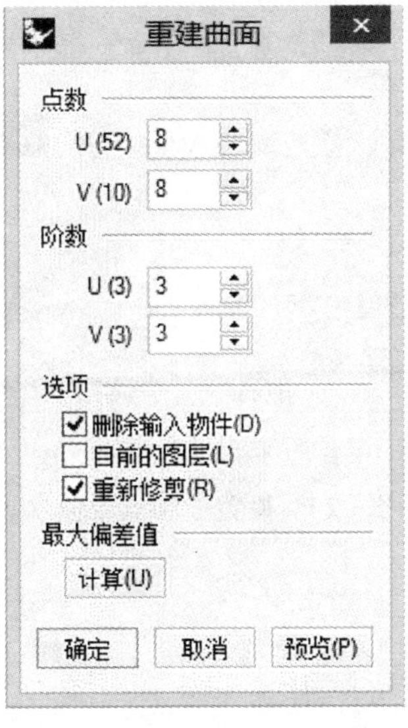

图 2-2-15　重建曲面参数

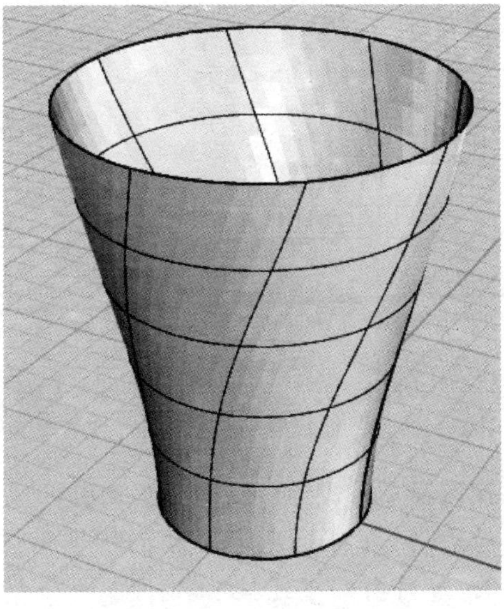

图 2-2-16　外壁重建曲面

(5) 点选曲面，当线条变为黄色时即为被选取状态，按 F10 打开控制点，按住 Shift 键同时选取如图 2-2-17 所示的杯口互相间隔的 4 点，最后点选“主工具栏”“标准”选项卡中“全部选取” 下拉菜单里“以套索圈选点” 命令下的“选取 V 方向”命令 ，将 4 列点全部选取，如图 2-2-18 所示。

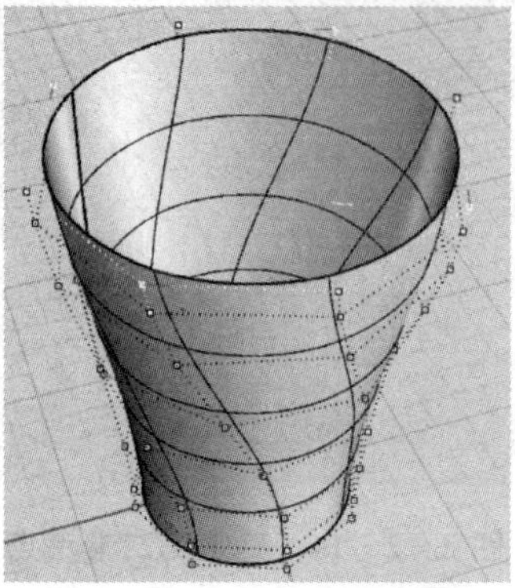

图 2-2-17　选取控制点

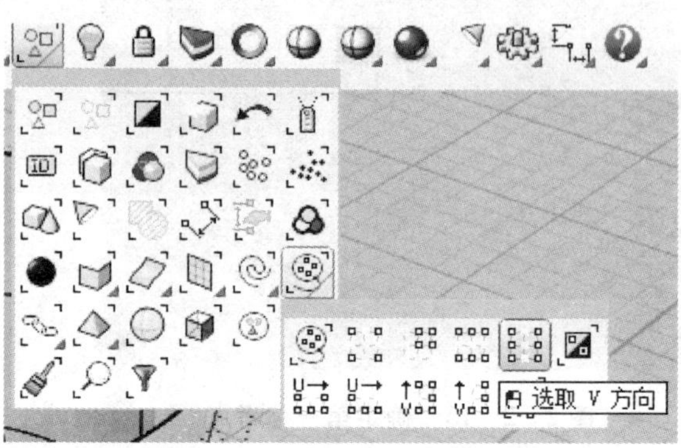

图 2-2-18　选取 V 方向控制点

(6) 点选左侧工具栏“编辑点”工具 下拉菜单里的“编辑控制点权值”命令 ，如图 2-2-19 所示，弹出“设置控制点权值”的对话框，将点权值修改为 5，如图 2-2-20 所示，单击确认。

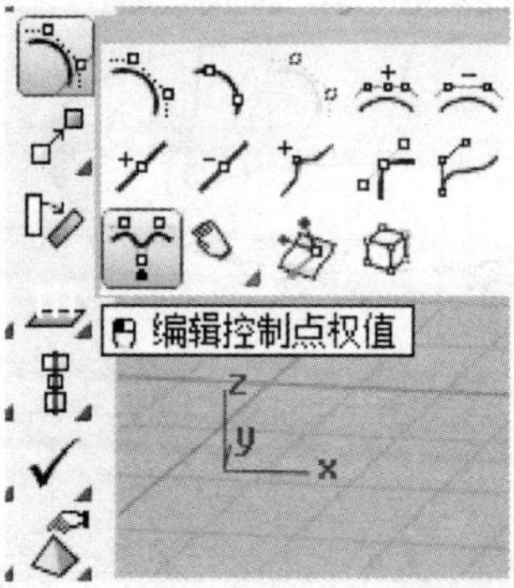

图 2-2-19　编辑控制点权值

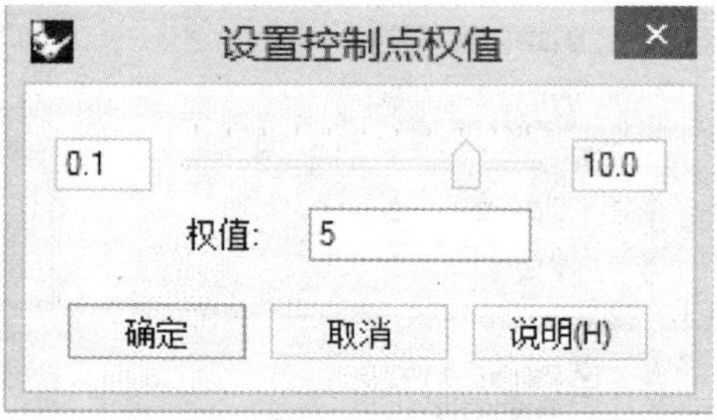

图 2-2-20　设置控制点权值

按键盘 Esc 键退出控制点的编辑。

选取 X-Y 平面上半径为 3 的圆，按键盘上 Delete 键删除。

4. 笔筒内外壁连接

(1) 取消对笔筒内壁的隐藏：在“透视窗口”任意位置，按住鼠标中键，弹出“快捷工具栏”，如图 2-2-5 所示，点选“隐藏” 下拉菜单里的“显示物件”命

令 ，如图 2-2-21 所示。

图 2-2-21　显示物件

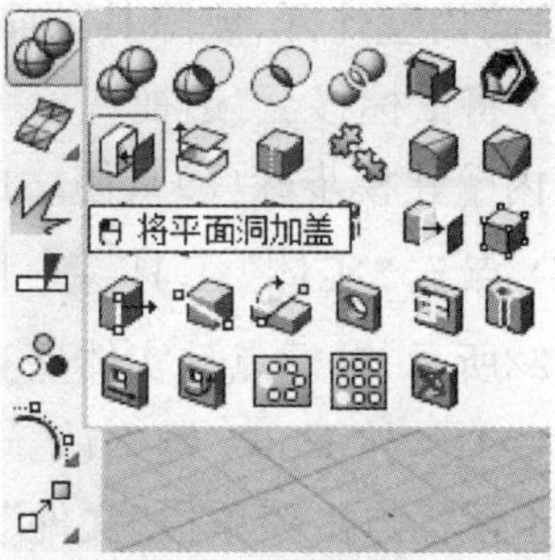

图 2-2-22　平面洞加盖

（2）框选全部曲面，点选“实体编辑”工具 下拉菜单里的“将平面洞加盖”命令 ，如图 2-2-22 所示。

（3）确认笔筒外壁为被选中状态，点选“炸开”命令 ，如图 2-2-5 所示，将曲面炸开，隐藏外壁（参照笔筒外壁建模步骤（1）），方便顶部曲面的修剪，如图 2-2-23所示。

图 2-2-23　顶面炸开

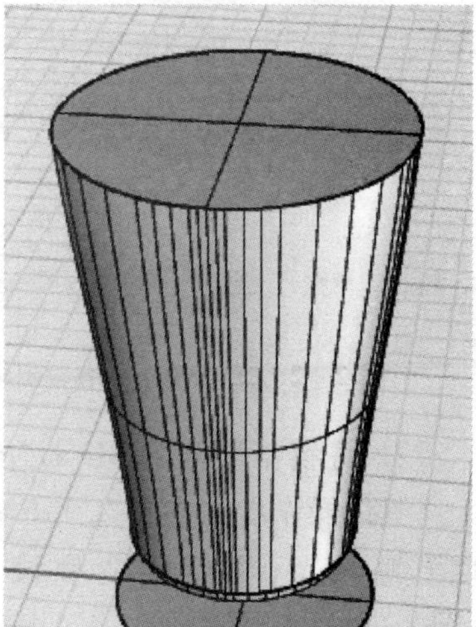

图 2-2-24　顶面修剪

（4）点选左侧工具栏“分割”命令 ：选取切割用物件为顶面，Enter 键确认,选取要分割的物件为内壁,按 Enter 键确认。将顶环隐藏,如图 2-2-24 所示,使笔筒内壁炸开,删除其顶面,再将所有隐藏面显示。

(5) 将鼠标移至"透视视窗",按住 Ctrl 键的同时按 A,点选"组合"命令(参照笔筒内壁建模步骤(5)),使之成为实体。

(6) 点选"实体"工具 下拉菜单里的"不等边距倒角"命令 ,如图 2-2-22所示,鼠标点选实体底边,在命令行输入 R,Enter 键确认,再输入圆角半径 R=0.5,按 Enter 键确认。如图 2-2-27 所示。

(7) 鼠标点击菜单栏"文件"下拉菜单里的"保存文件",弹出"储存"对话框,自定义保存路径,修改文件名称为:笔筒,单击"保存"按钮。

2.2.4 Rhino 造型设计在 3D 打印机上的实现

1. STL 文件的生成

鼠标点击菜单栏"文件"下拉菜单里的"另存为",弹出"储存"对话框,在对话框中的"保存类型"一栏选取 STL 格式,确定,跳出"STL 网格导出选项"对话框,确定,跳出"STL 导出选项",确定。

自此 STL 文件已经成功生成。

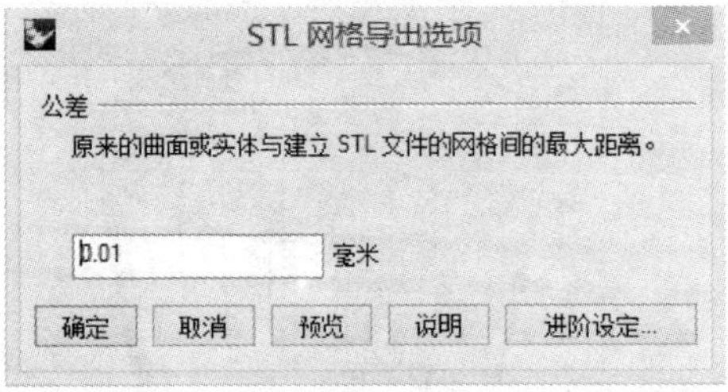

图 2-2-25 STL 网格导出

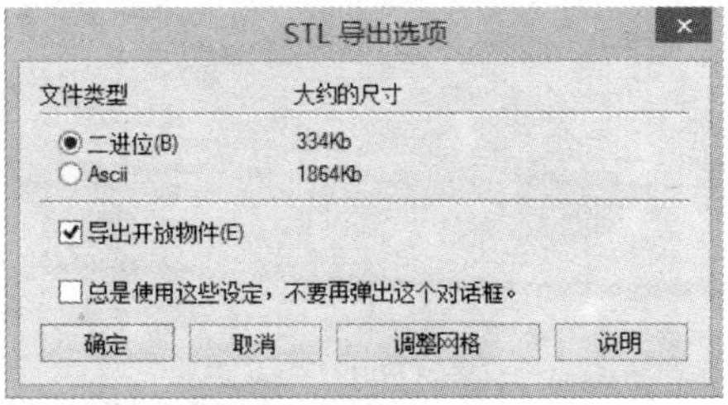

图 2-2-26 STL 导出

2. 将模型输入到 3D 打印机

具体操作步骤参见 2.1.5 中"3DS MAX 模型在 3D 打印机上的实现"部分。以下为 Rhino 笔筒的造型设计效果图(图 2-2-27)与 3D 打印成品图(图 2-2-28)的对比。

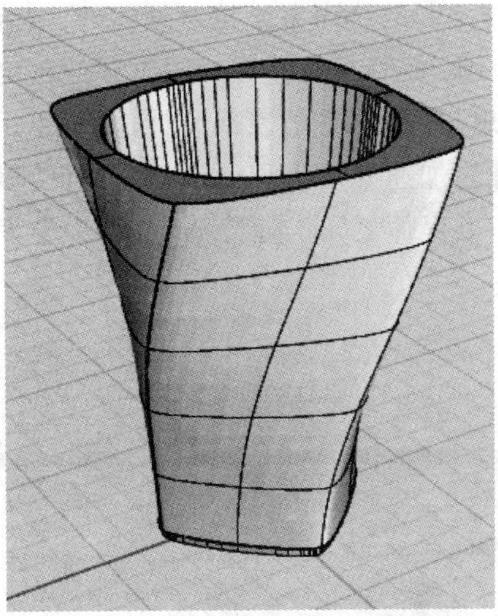

图 2－2－27　Rhino 笔筒的造型设计效果图

图 2－2－28　3D 打印成品图

2.3　FreeForm 造型设计

2.3.1　FreeForm 简介及特点

FreeForm 触觉式设计软件是世界上一套能让设计师及雕刻家在电脑上利用触觉就能完成三维模型设计与构建的计算机辅助设计软件。它可以让设计师自由地在 3D 环境里发挥想象力，就如同他们用纸和笔在 2D 的平面上设计一样，同样也可以直接在 2D 或是 3D 工程图上进行设计，迅速且方便地画出模型草图以表现设计思路，接着再对模型做细部的设计。从工业产品到生活艺术品设计等各个领域，设计师已渐渐开始发现 FreeForm 软件所能带来的诸多好处并将其逐步运用在更多设计领域。

触觉式设计系统，亦称为 3DTouch 系统，是一种力回馈技术。例如，通过手握着一支笔去旋转移动，电脑画面里的雕刻刀便跟着旋转移动，当雕刻刀接触到模型时，会有力量回馈到握笔的手，让使用者感受到接触时的力量，在雕刻时也可以设定模型的软硬度，进而决定雕刻所需的力量。

学习 FreeForm 软件不需要工程或艺术方面过多的专业知识或技能，透过雕刻笔直接和三维模型进行互动，学习不需要像一般 3D 软件要花上很长时间才能精通其功能和操作方式，也不需要通过不断的练习来维持对软件的熟悉度，因为它就像您平时拿着一支笔那样容易使用，使用者通过自然的方式便可完成他们的数字模型；软件易于表现设计师的思想，黏土易于表现设计，而且不用担心模型会被破坏，可以大胆的去设计；软件为加速开发流程而设计，设计阶段就已是 3D 的数据了，这样可以减少设计师和工程师之间沟通障碍，可以完全发挥数字资料的优点，加速下游工程的进行。

2.3.2 FreeForm 工作界面

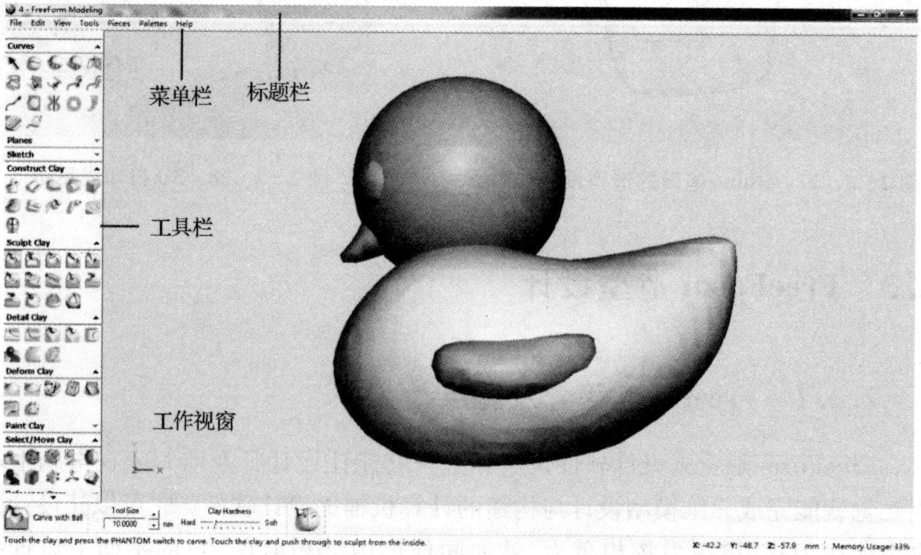

图 2-3-1 Freeform 的工作界面

1. 标题栏

主要显示了软件图标，当前使用文件的名称以及软件的名称等信息。

2. 菜单栏

包括文件(File)、编辑(Edit)、视图(View)、工具(Tools)、层(Pieces)、调色板(Palettes)、帮助(Help)共七个主菜单。

3. 工具栏

包括曲线工具(Curves)、2D 平面编辑(Planes)、2D 绘图指令(Sketch)、造型工具(Constract clay)、各种形状切削刀具/表面顺化工具(Sculpt clay)、细节处理工具(Detail clay)、球状/区域变形工具(Deform clay)、上色工具(Paint clay)、

模型圈选/重新定位物件坐标/定位物件原点坐标工具(Select/move clay)、参考层(Reference piece)、定位物件的材质及颜色/设定光源/场景设定/设定渲染品质和解析度(Rendering)、动作(Tweening)、通用(Utility)、收藏(Favourites)。

表 2-3-1　常用工具面板

	造型工具(Constract clay): Add Clay :在 3D 空间添加球体、圆柱体和圆锥体;Mirror Clay :镜像黏土。
	各种形状切削刀具/表面顺化工具(Sculpt clay): Smudge :使用球体工具挤压黏土;Attract :依工具球大小依附黏土;Smooth :使球体工具在黏土表面打磨顺滑;Smooth Area :选定一个区域使黏土顺滑。
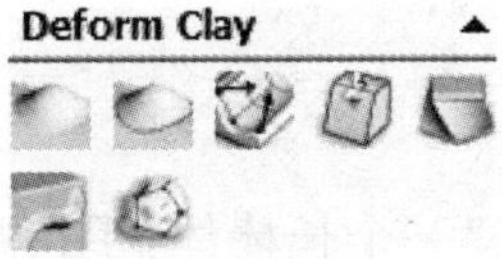	球状/区域变形工具(Deform clay): Tug :依据工具球的大小拖拉黏土,以改变模型的外观;Deform :依据矩形框架调整模型整体外观。
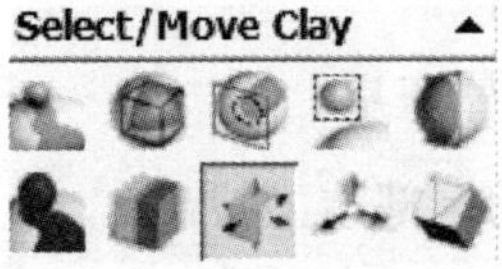	模型圈选/重新定位物件坐标/定位物件原点坐标工具(Select/move clay): 重新定位物件 :重新定位黏土坐标。

4. 工作视窗

工作的实际区域,用于显示创建的三维模型。

2.3.3　实体建模实例

Freeform 本身功能非常丰富,需要较长的学习练习时间,初学者才能熟练掌握。本节选取一个有代表性的设计目标,逐步讲解设计过程,期望能以点带面带领读者了解 Freeform 的精髓。

1. 建模目标

本节目标是建立一个小鸭子模型。模型由身体、翅膀、脑袋、眼睛、嘴巴组成基本实体，另外需要后期的修饰，如图 2－3－2 所示。

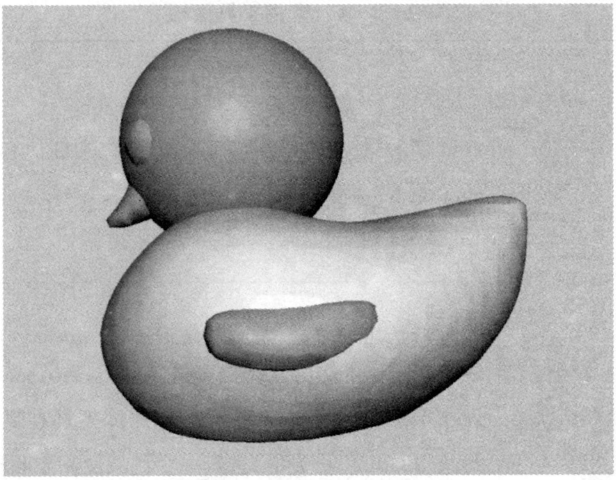

图 2－3－2　目标模型

2. 基本实体

（1）身体

① 点选“construct clay”下的“add clay”命令，创建一个长棒体，手持雕刻笔，确定起点及终点，按键盘上的加减号以调整球体尺寸。

② 点选“deform clay”下的“deform”命令，将长棒体压扁。

③ 点选“sculpt clay”下的“attract”命令，将鸭子的尾部造型拉出。

④ 点选“sculpt clay”下的“smudge”命令，对鸭子的一侧进行局部调整。

⑤ 点选“construct clay”下的“mirror clay”命令，创建对称面，点选 apply，将上步骤中调整好的鸭子局部造型镜像到另一侧，如图 2－3－3 所示。

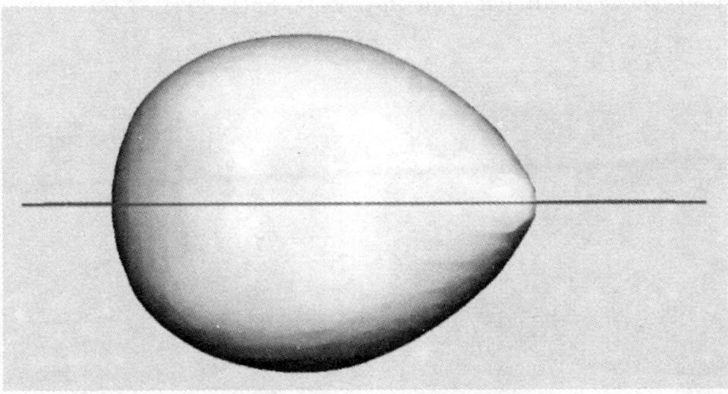

图 2-3-3 创建鸭子身体

⑥ 点选“sculpt clay”下的“smooth”命令，对丑小鸭的身体进行局部微调，如图 2-3-4 所示。

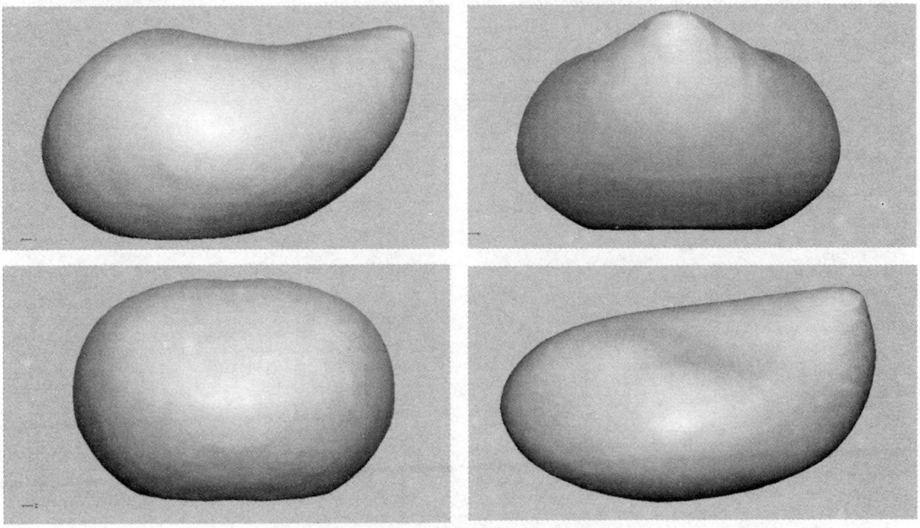

图 2-3-4 鸭子身体局部微调

(2) 翅膀

① 点选“construct clay”下的“add clay”命令，创建一个长棒体。

② 点选“deform clay”下的“deform”命令，将长棒体压扁。

③ 点选“sculpt clay”下的“smooth”命令，对丑小鸭的身体进行局部微调。

④ 点选“construct clay”下的“mirror clay”命令，在 match 中选择身体实体

里所创建的对称面“piece 1 mirror”，按 apply，则将已创建好的一侧翅膀镜像到另一侧，如图 2－3－5 所示。

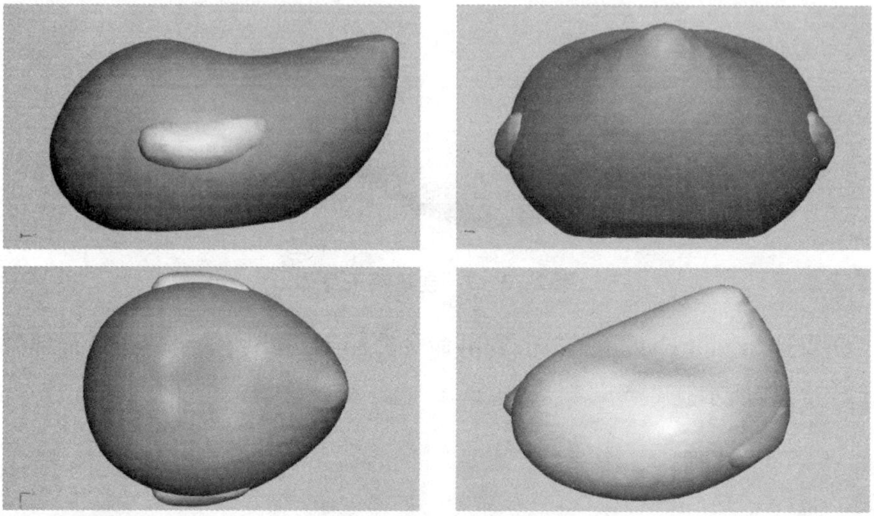

图 2－3－5　鸭子翅膀

（3）脑袋

点选“construct clay”下的“add clay”命令  ，创建一个圆球；

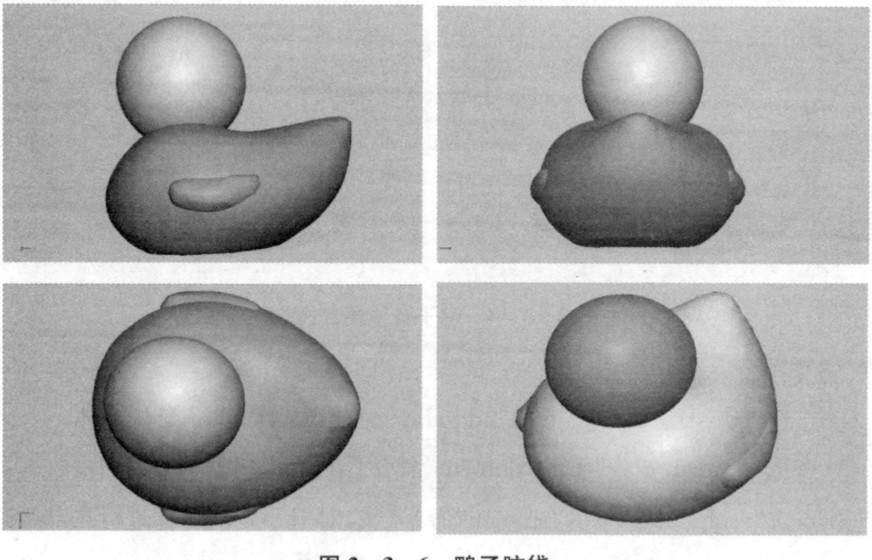

图 2－3－6　鸭子脑袋

(4) 眼睛

① 点选“construct clay”下的“add clay”命令，创建一个小圆球。

② 点选“construct clay”下的“mirror clay”命令，在 match 中选择身体实体里所创建的对称面“piece 1 mirror”，按 apply，则将已创建好的一只眼睛镜像到另一侧。

(5) 嘴巴

① 点选“construct clay”下的“add clay”命令，创建一个长棒体。

② 点选“deform clay”下的“deform”命令，将长棒体压扁。

③ 点选“deform clay”下的“tug” 命令，将鸭嘴上面向下凹。

3. 修饰

点选“sculpt clay”下的“smooth area”命令，最后对丑小鸭整体造型进行局部微调，使其连接处光滑，如图 2-3-7 所示。

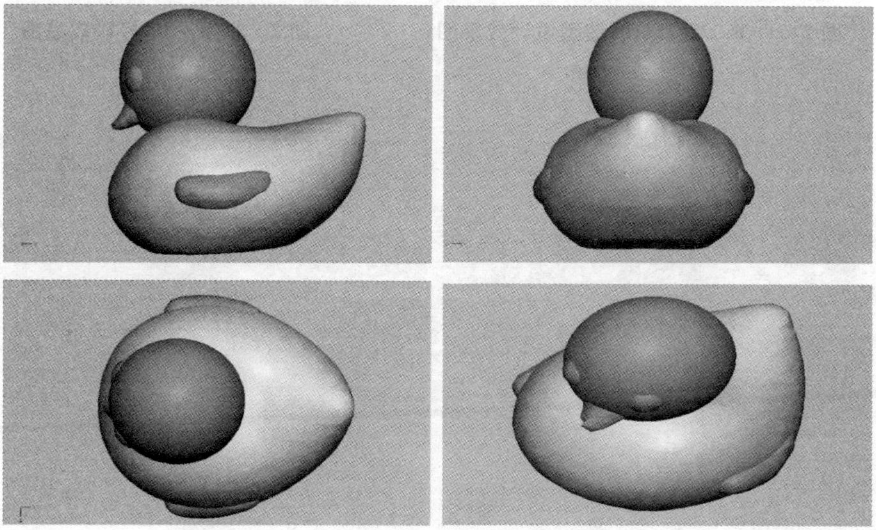

图 2-3-7　鸭子修饰

2.3.4　FreeForm 造型设计在 3D 打印机上的实现

1. STL 文件的生成

执行“文件—模型导出”，跳出“模型导出”对话框，在对话框类型一栏选择

STL 格式，自定义模型名称，自此 STL 文件已经成功生成。

2. 模型输入到 3D 打印设备

具体操作步骤参见 2.1.5 中“3DS MAX 模型在 3D 打印机上的实现”部分。

以下为 FreeForm 造型设计效果图（图 2－3－8）与 3D 打印成品图（图 2－3－9）的对比。

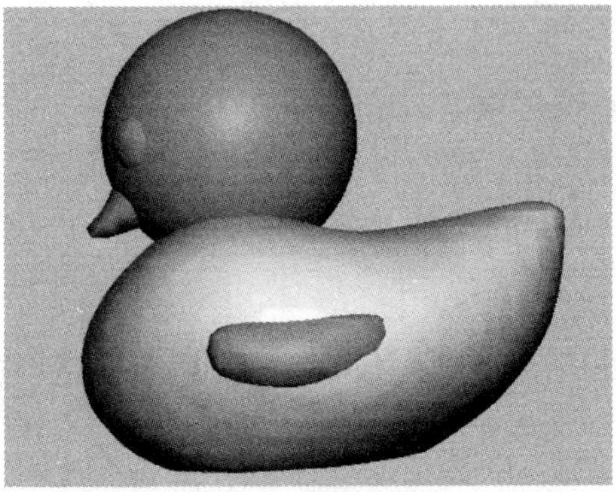

图 2－3－8　FreeForm 造型设计效果图

图 2－3－9　3D 打印成品图

第 3 章　3D 打印常用的结构设计方法与软件

目前 3D 打印领域常用的结构设计软件主要有 Pro/Engineer、Solidworks 和 UG 等。

3.1　Pro/Engineer 零件设计

3.1.1　Pro/Engineer 简介及特点

Pro/Engineer 可以说是一个全方位的三维产品开发软件，Pro/Engineer 将零件设计、钣金设计、产品设计、模具设计、数控加工等功能整合于一体，广泛应用于汽车、航天航空、电子、模具、玩具、工业设计和机械制造等行业。初学者最好具有一定的机械识图能力，这样易于软件的上手。

Pro/E 是参数化软件，且采用了单一数据库来解决特征的相关性问题。在整个设计过程的任何一处发生改动，可以前后反映在整个设计过程的相关环节上。另外，Pro/E 涉及的模块较多，方便用户不同的需要。当然，Pro/E 基于特征的方式，能够将设计至生产全过程集成到一起，易于实现并行工程的设计。

在结构设计过程中，Pro/E 可以让设计师将成型于头脑中的蓝图以可视化的形式显示出来，便于设计师后续设计分析及更改，它还支持有限元的分析。Pro/E 软件在建模过程中，软件自动对各模型块进行布尔并集运算，对于错误的并集运算，如：面与体的并集，软件将自动报错，这对于模型的完整性非常重要，但这也在另一方面限制了软件的自由性。另外，由于其对于模型的容错性较差，往往一个模型因只有一处出错即无法得到完整的模型。

本节将对 Pro/E 常用的一些建模方法进行介绍。

3.1.2 Pro/Engineer 工作界面

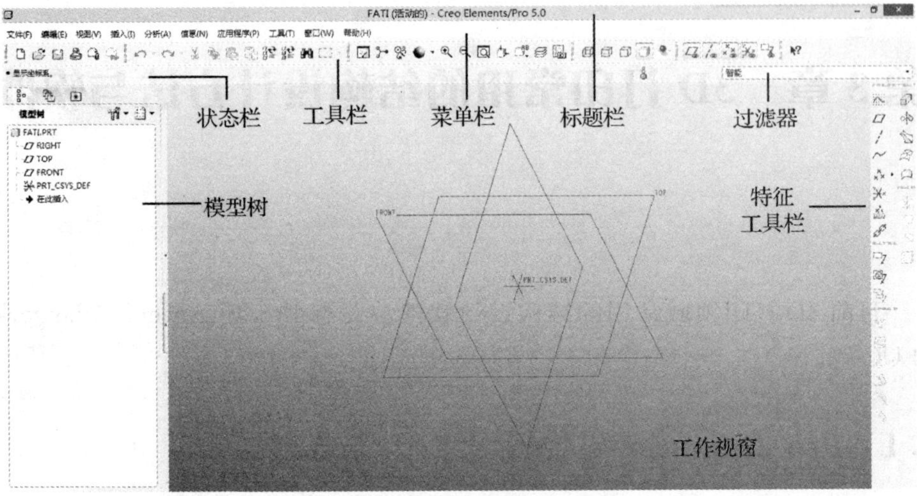

图 3-1-1 Pro/E 工作界面介绍

1. 菜单栏

包括文件、视图、插入、分析、信息、应用程序、工具、窗口等命令。

2. 工具栏

由一组快捷键按钮组成,包含了大部分常用控制功能的工具按钮,并且各按钮的状态及意义也有所不同。

3. 模型树

显示了当前模型的建立过程,依次将特征的建立以树状结构进行排列。

4. 特征工具栏

包含部分常用特征命令的快捷键,用以进行特征的创建。

3.1.3 实体建模实例一

Pro/E 本身功能非常丰富,需要较长的学习练习时间,初学者才能熟练掌握。本节选取一个有代表性的设计目标,逐步讲解设计过程,期望能以点带面带领读者了解 Pro/E 的精髓。在模型设计完成之后,本节还讲解了利用 3D 打印进行模型输出的技术。

1. 建模目标

目标是建立一个阀体模型。模型由基台、法兰、轮廓筋等 3 个基本实体部分组成，另外需要孔命令及倒圆角命令进行后期处理。具体参数如表 3-1-1 所示。

表 3-1-1　目标模型及参数

目标模型	参　数
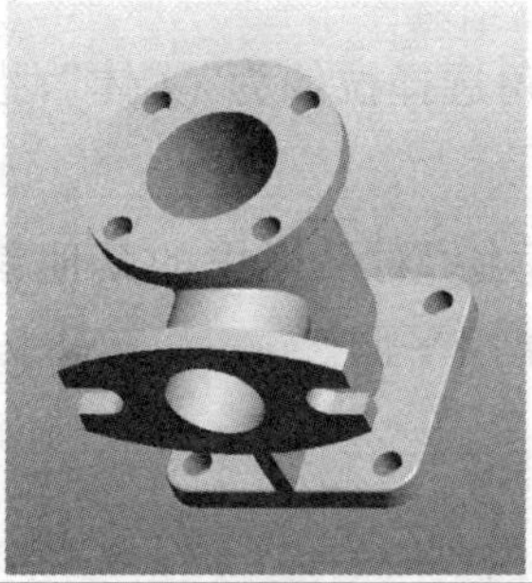	基台：下底座正方形边长 80，深度 8； 上顶座：圆形直径 80，深度 8； 法兰：深度 8； 轮廓筋：深度 6。 （单位：mm）

2. 工作环境设置

(1) 设置工作目录

为了便于后期文件的查找和修改，我们一般在新建文档之前进行工作目录的设置，即设定我们接下来所创建文档的保存位置。选取菜单栏文件(F)下面的“设置工作目录”，该路径由读者自行确定。未设置工作目录的情况下，系统将程序启动目录自动设置为缺省工作目录，自动创建的文件和未指定任何其他位置就进行保存的文件会保存在此目录下。

(2) 新建文档

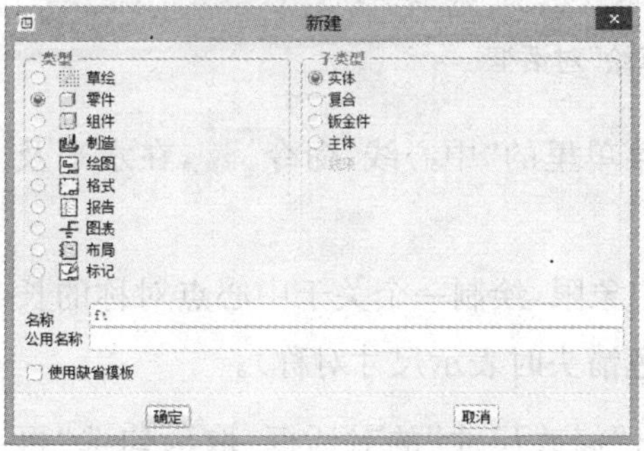

图 3-1-2　新建文档

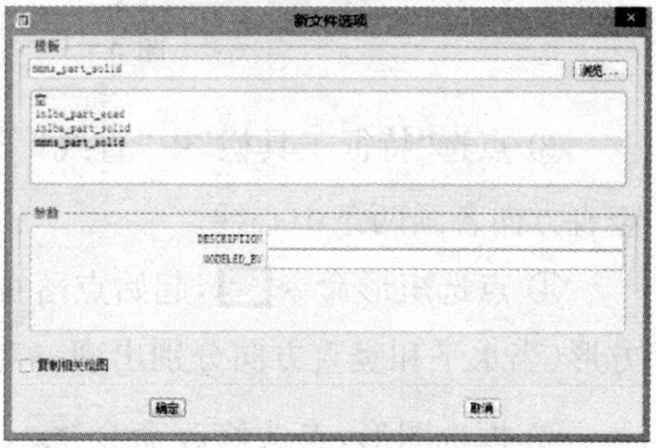

图 3-1-3　选择公制模板

进入 Pro/Engineer 系统后，首先在工具栏点选 （新建文档），接着选取“零件”模块并输入新文件名：fati(Pro/E 中文件名只能输入英文字母，不可输入汉字)，不勾选“使用缺省模块”，确定，如图 3-1-2 所示。进入计量单位设定界面，选择公制模板：mmns_part_solid（毫米牛顿秒），确定，如图 3-1-3 所示。

下面正式进入阀体零件设计界面。

3. 创建基台

(1) 拉伸方形底座

① 点选“特征工具栏”中“拉伸”命令 ，在左上角选择拉伸为“实体”，指定拉伸长度为 8，点选“放置”下的“定义”草绘。

② 在左侧“模型树”中点选 TOP 平面，在弹出“草绘”对话框里的其他参数为系统默认，如图 3-1-4，点击“草绘”按钮，即进入草绘平面。

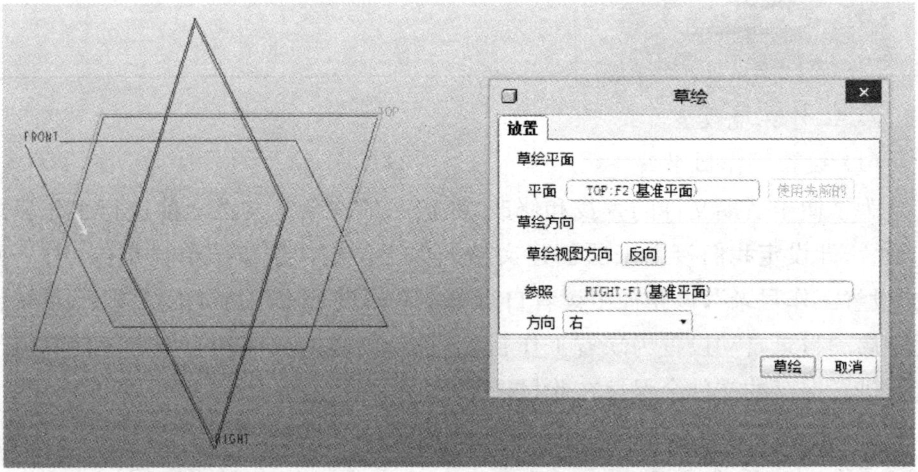

图 3-1-4 “草绘”对话框

③ 点选“特征工具栏”中“直线”下拉菜单里的“中心线”命令 ，在水平及竖直方向各画两条中心线。

④ 点选矩形命令 ，起始点落在第二象限，绘制一个关于中心点对称的长方形(当水平和竖直方向分别出现一对红色箭头时表示尺寸对称)。

⑤ 框选图形，点选修改命令 ，跳出“修改尺寸”的对话框，取消勾选“再生”，修改长方形边长各为 80，打钩 。

⑥ 点击“特征工具栏”右下角的 ,草绘完成。

⑦ 单击图标板右上角 ,即完成阀体正方体底座的创建,如图 3-1-6 所示。

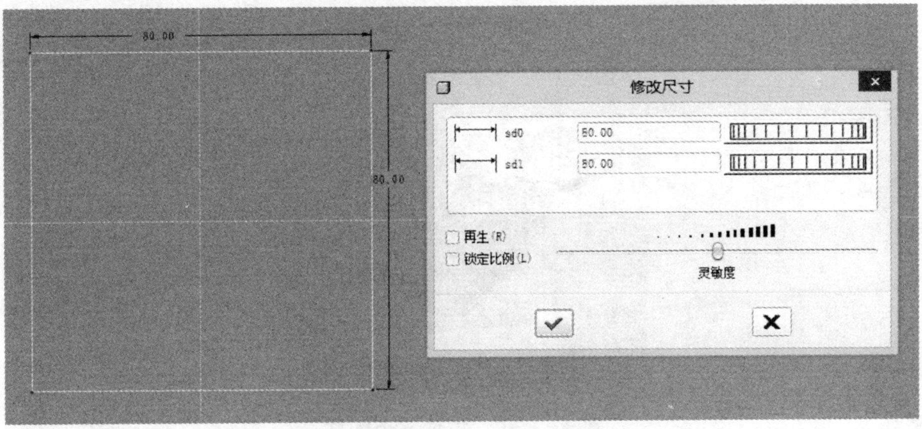

图 3-1-5　拉伸方形底座

图 3-1-6　创建完成方形底座

(2) 拉伸三个圆柱

① 点击拉伸命令,修改拉伸深度为 24,点选正方形底座上顶面为草绘平面,草绘一个直径为 40 的圆,点击“特征工具栏”右下角的 ,退出草绘,完成建模。

② 点击拉伸命令,拉伸深度为 70,点选底面直径为 40 圆柱的上顶面为草绘平面,草绘一个直径为 52 的圆,点击“特征工具栏”右下角的 ,退出草绘,完成建模。

③ 点击拉伸命令，拉伸深度为8，点选底面直径为52圆柱的上顶面为草绘平面，草绘一个直径为80的圆，点击“特征工具栏”右下角的✔，退出草绘，完成建模，如图3－1－7所示。

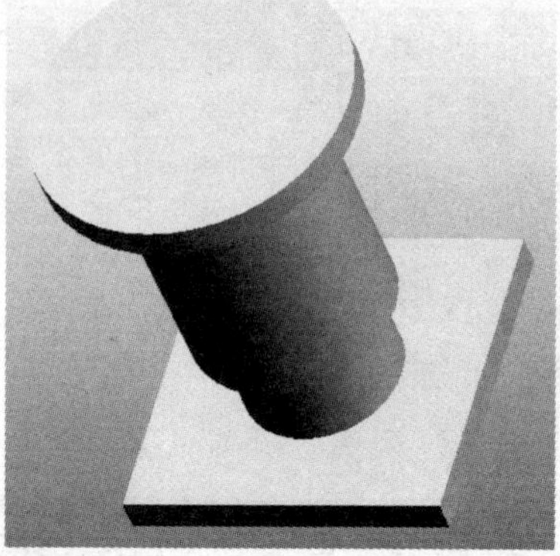

图3－1－7　拉伸三个圆柱

4. 创建法兰

(1) 创建平面DTM1

点选FRONT平面，选取“特征工具栏”中的“平面”命令，在弹出的“基准平面”对话框中确定平移方向并输入平移距离52，如图3－1－8所示，单击“确定”。

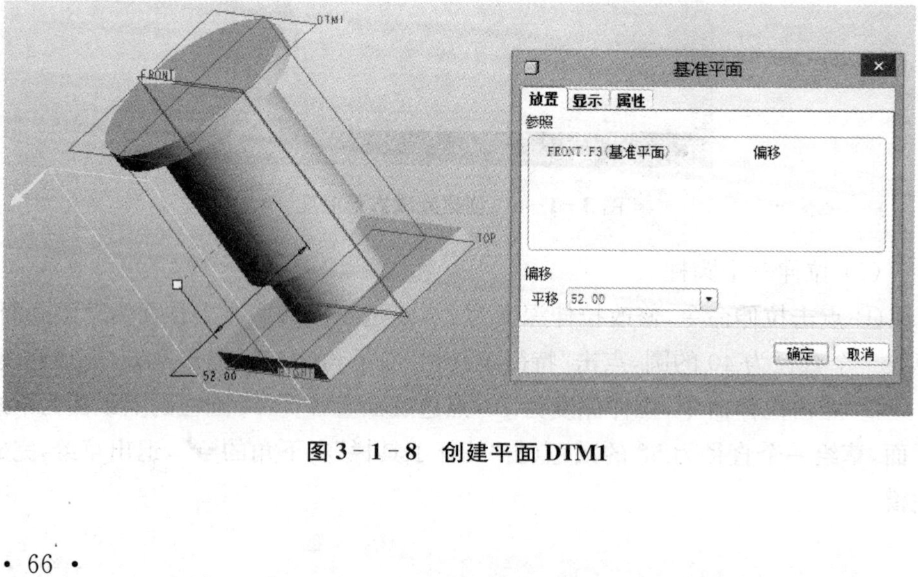

图3－1－8　创建平面DTM1

（2）拉伸法兰

点选“拉伸”命令，拉伸深度为 8，将草绘平面定义在平面 DTM1 上，以下是详细的草绘步骤。

① 点选“特征工具栏”中“直线”下拉菜单里的“中心线”命令，分别绘制与两坐标轴重合的中心线，在水平线上方 65 毫米及 90 毫米处分别绘制一条水平中心线，在竖直中心线左侧 35 毫米及 45 毫米处分别绘制一条竖直中心线，尺寸可在完成草绘后修改，如图 3－1－9 所示。

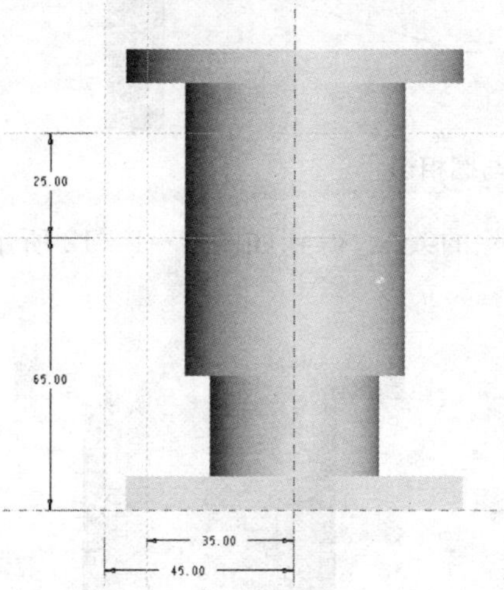

图 3－1－9　绘制中心线

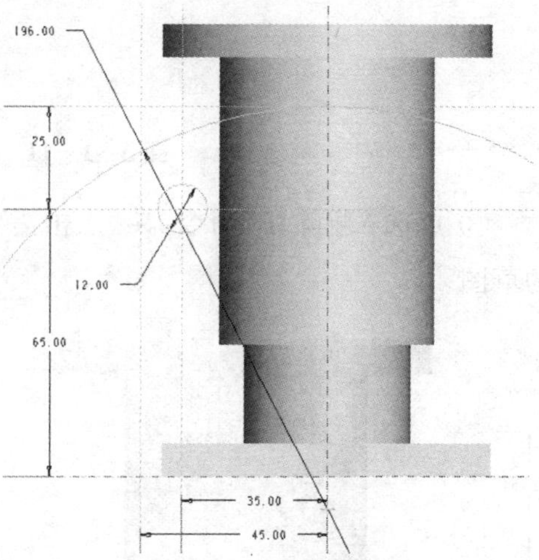

图 3－1－10　绘制圆

② 选择右侧草绘面板中的“圆”命令，在定位圆心中绘制直径为 12 毫米的圆，再次选择“圆”命令，在与纵坐标重合的中心线上任意位置定位圆心，绘制直径为 196 毫米的圆。点选右侧草绘面板中“约束”下的“相切”命令，选择直径为 196 毫米的圆及水平线以上 90 毫米中心线，使得圆与中心线相切，如图 3－1－10 所示。

点选“直线”命令，画如图 3－1－11 所示两条直线（出现红色 T 时表示直线与圆相切）。

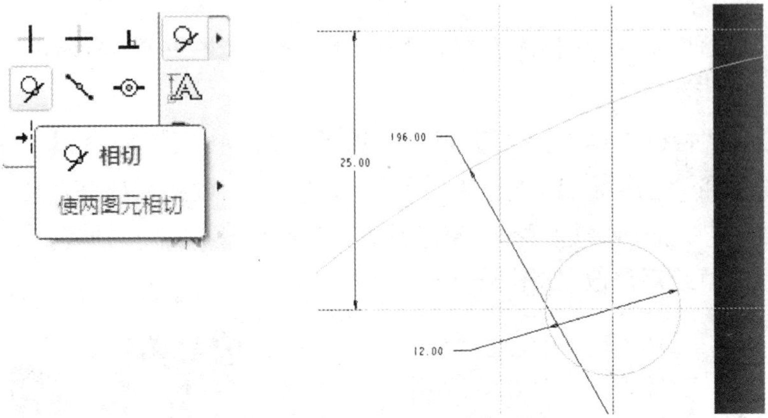

图 3－1－11　直线与圆相切

③ 点选“删除段”命令，点击需要删除的线段，得到如图 3－1－12 所示的草图。

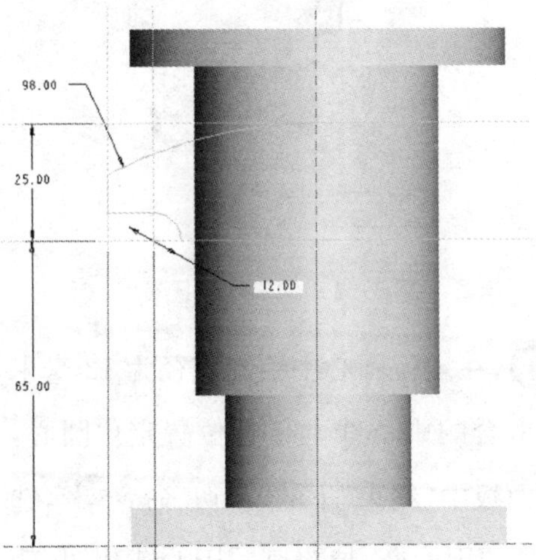

图 3－1－12　删除线段

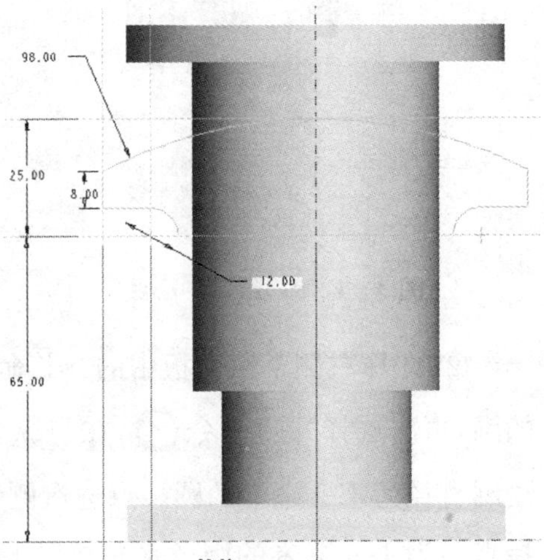

图 3－1－13　镜像

④ 框选上步骤的全部图线（当图线变为红色即为选中），点击“镜像”命令，鼠标点选竖直中心线为对称中心，如图 3－1－13。

框选已得到的所有图线，再次点击“镜像”命令，鼠标点选水平线上方 65 毫米处的中心线为对称中心，得到最后的草绘图形，如图3－1－14。

草绘步骤可参见(1) 拉伸方形底座。

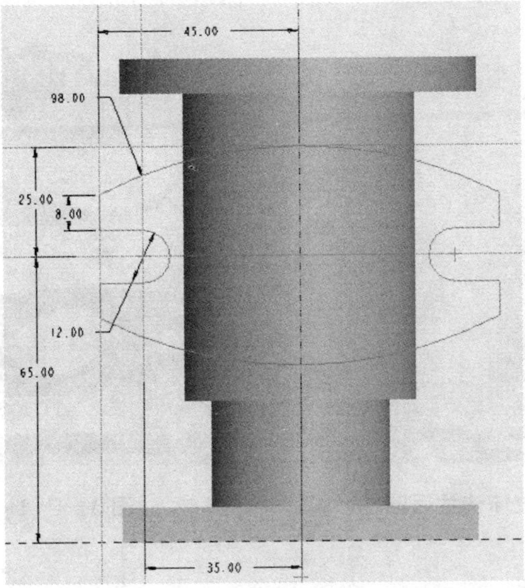

图 3-1-14　最后的草绘图形

(3) 拉伸法兰后的圆柱

点选“拉伸”命令,修改拉伸性质为“拉伸到下一曲面”,在法兰与圆柱面相对的一侧定义草绘平面,绘制一个直径为 40 的圆,完成拉伸命令。如图 3-1-15所示。

5. 孔命令及倒圆角命令

(1) 孔命令

① 点选阀体的上顶面为钻孔平面,点选“特征工具栏”中“孔工具”命令,按住 Ctrl 不动,同时点选圆柱的中心轴线(定位孔的位置)。修改孔的直径 R=40,钻孔深度 70(双击工作视窗中的尺寸即可修改),打钩;

② 钻直径为 28 的孔:点选第一个孔的底平面为钻孔平面,孔的直径 R=28,修改钻孔属性为:钻孔至下一曲面;

③ 钻直径为 30 的孔:点选法兰侧面为钻孔平面,孔的直径 R=30,钻孔深度 52。

完成三个打孔命令,如图 3-1-16 所示。

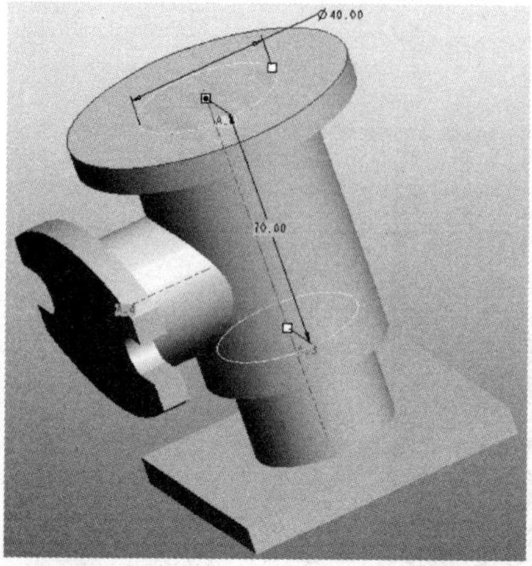

图 3-1-15　拉伸法兰后圆柱

图 3-1-16　钻孔命令

(2) 倒圆角命令

选取“特征图标区”“倒圆角”命令，按住 Ctrl 键不动，同时点选方形底座 4 条侧棱，输入圆角半径 10，打钩。

6. 上顶座、下底座小孔命令

(1) 下底座小孔

① 点选方形底座的上顶面为钻孔平面，点选“特征工具栏”中“孔工具”命令，选“放置”下的类型为“线性”；

② 将两个定位握把(两个绿色的方块)分别拖至工作视窗里的 RIGHT 及 FRONT 平面(拖至平面后绿色手柄消失)；

③ 点击“放置”下的“偏移参照”，将相对位置修改为 30，依次修改孔的直径 R=9，钻孔深改为 8(直接双击工作视窗里的尺寸也可修改尺寸)，打钩；

④ 点选“模型树”中孔 4，即上一步创建的直径为 9 的孔，点选“特征工具栏”中“阵列”命令，选择“轴阵列”方式；

⑤ 点选圆柱旋转中心轴，输入阵列个数 4 个，角度 90 度，打钩。如图 3-1-17，图 3-1-18 所示。

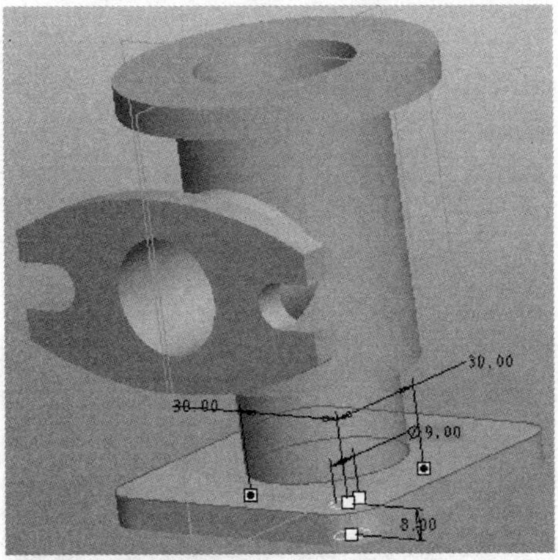

图 3-1-17　下底座打孔

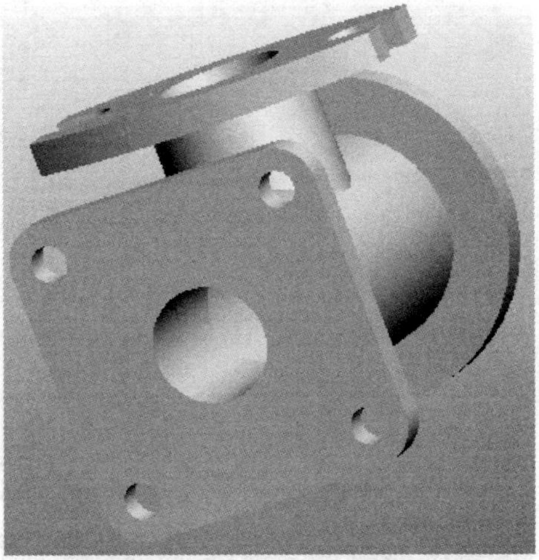

图 3-1-18　下底座打孔

(2) 上顶座小孔

① 点选圆形顶座的上顶面为钻孔平面，点选“特征工具栏”中“孔工具”命令 ，选“放置”下的类型为“径向”；

② 将两个定位握把分别拖至 RIGHT 平面及圆柱旋转中心轴；

③ 修改以圆柱旋转中心轴为基轴，相对于 RIGHT 平面旋转的角度为 45 度，半径为 33，依次修改孔的直径为 9，钻孔深度为 8，打钩 ；

④ 点选“模型树”中孔 5，即上一步创建的直径为 9 的孔点选“特征工具栏”中“阵列”命令 ，选择轴阵列方式，点选圆柱旋转中心轴，输入阵列个数 4 个，角度为 90 度，打钩 ，如图 3-1-20 所示。

7. 创建轮廓筋

① 点选 RIGHT 平面为草绘平面点选“特征工具栏”中“轮廓筋”命令 ，点选“参照”下的“定义”草绘；

② 点选菜单栏“草绘”下拉菜单里的“参照”，点选如图 3-1-14 所示的三条边为参照边；

③ 在 RIGHT 平面草绘一条直线，草绘完成按右下角 ，确认筋的延伸方向及延伸深度为 6，打钩 ，如图 3-1-19、3-1-20 所示。

④ 点选菜单栏“文件”下拉菜单里的“保存”，弹出“保存对象窗口”，单击“确定”。

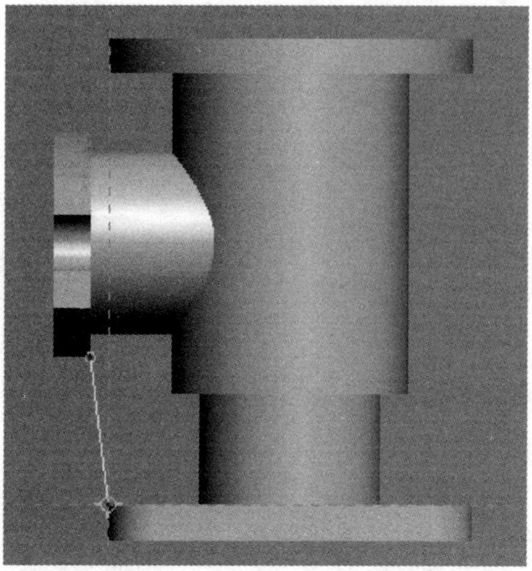

图 3-1-19　创建轮廓筋

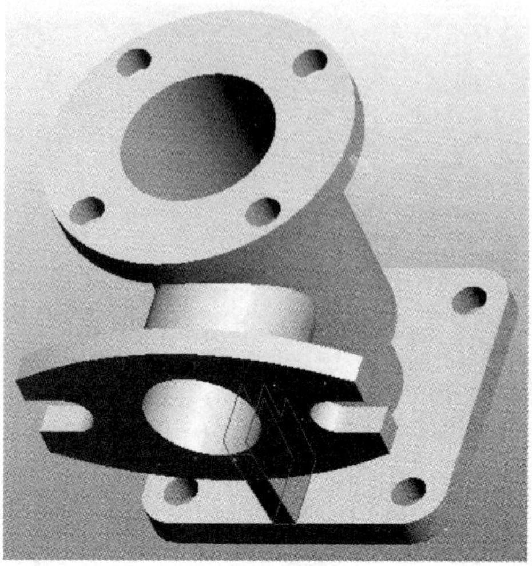

图 3-1-20　草绘完成图

3.1.4　实体建模实例二

1. 建模目标

目标是建立一个叶轮模型。模型由叶轮基体、叶轮叶片 2 个基本实体部分组成,另外需要孔命令进行后期处理,如图 3-1-21 所示。

图 3-1-21　目标模型

（备注：由于1.3.1已交代建模前工作环境的创建，故此处不赘述，文件名为：YL. prt。）

2. 创建叶轮基体

(1) 点选“特征工具栏”中“旋转”命令，在左上角选择旋转为“实体”，指定旋转角度为360度，点选“放置”下的“定义”草绘。

(2) 在左侧“模型树”中点选FRONT平面，选择弹出“草绘”对话框里的其他参数为系统默认，点击草绘，即进入草绘平面。

(3) 点选“特征工具栏”中“直线”下拉菜单里的“中心线”命令，在竖直方向画一条旋转轴线。

(4) 点选“特征工具栏”中“直线”下拉菜单里的“直线”命令，绘制如图3-1-22所示直线；点选“三点创建圆弧”命令，绘制圆弧，此圆弧与水平线段呈垂直，点选“标注尺寸”标注未定义尺寸，点选“选取”，双击鼠标左键修改尺寸数值，水平距离自左向右依次为：4、2、30，竖直距离自上而下依次为：4、30，弧线：半径为25，最终得到草绘，如图3-1-23所示。

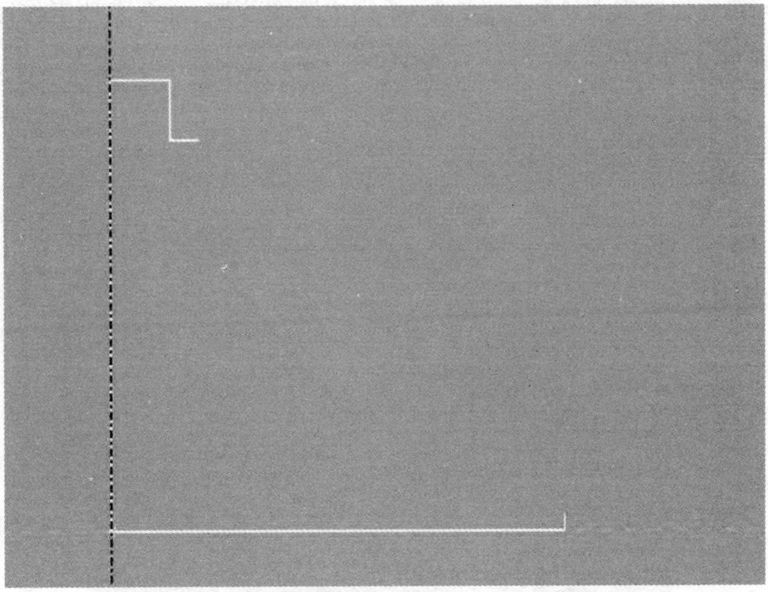

图3-1-22　叶轮基体草图

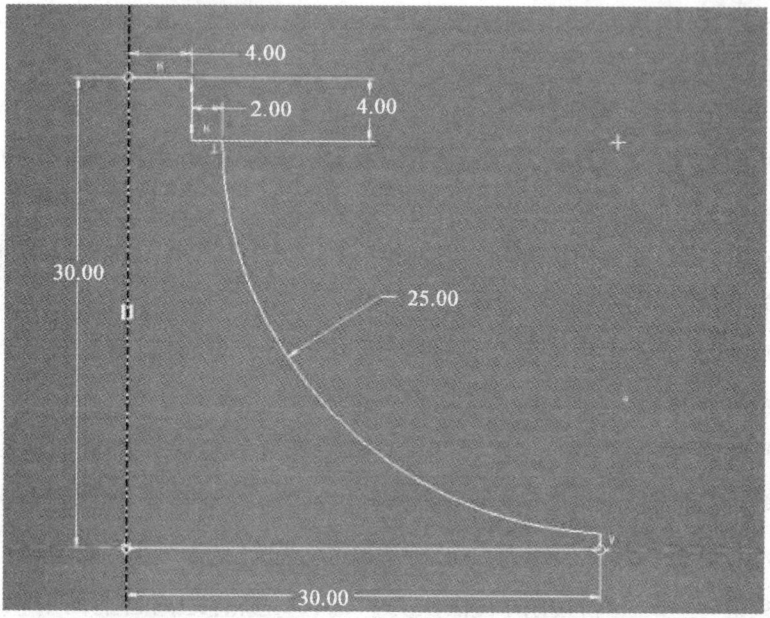

图 3-1-23　叶轮基体草图

(5) 完成旋转截面绘制后，点选 ✔ 完成草图绘制，继续点选工作区域右上角 ☑，完成叶轮基体的建模，如图 3-1-24 所示。

图 3-1-24　叶轮基体建模

3. 创建叶轮叶片

（1）创建叶片实体

① 如图 3－1－25、3－1－26 所示，依次点选菜单栏“插入”、“扫描”、“伸出项”，弹出“伸出项：扫描”对话框，点选“菜单管理器”中“草绘轨迹”，点选“模型树”中 FRONT 平面，点选“确定”，继续点选“缺省”，进入草绘轨迹界面。

② 点选“样条曲线”，以四点由上至下绘制样条曲线，起点箭头表示扫描起始方向，点选“标注尺寸”标注未定义尺寸，点选“选取”，双击鼠标左键修改尺寸数值，第一个点距底端 25、距中心线 0，第二个点：18、1.5，第三个点：8、1.5，第四个点：1、0，最终得到草绘，如图 3－1－27 所示，轨迹绘制完成点选右下角，默认属性“自由端”点选“完成”，进入草绘截面界面。

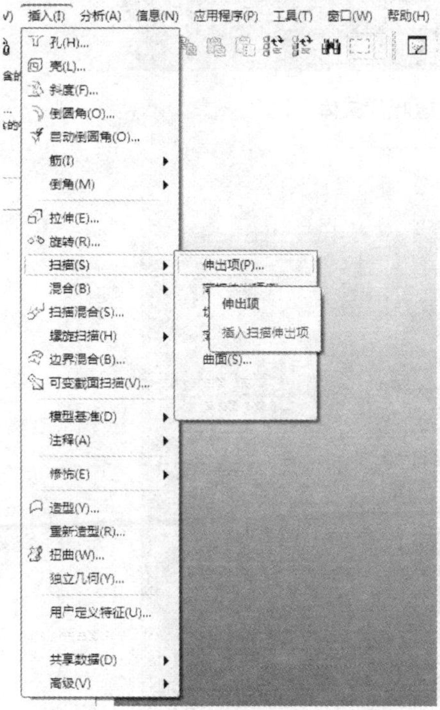

图 3－1－25　点选“扫描”命令

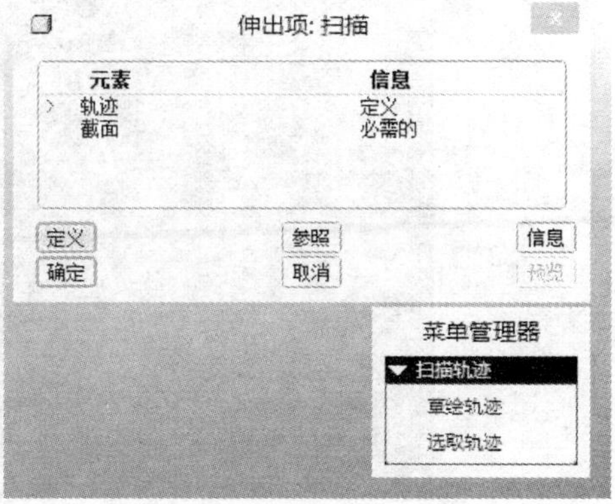

图 3－1－26　点选“草绘轨迹”命令

③ 点选“矩形”，依中心线绘制矩形，点选“选取”，双击鼠标左键修改尺寸数值，最终得到草绘，如图 3－1－27 所示，轨迹绘制完成点选右下角，点选

“伸出项:扫描”窗口中“确认”,完成叶轮叶片实体的创建,如图 3－1－28 所示。

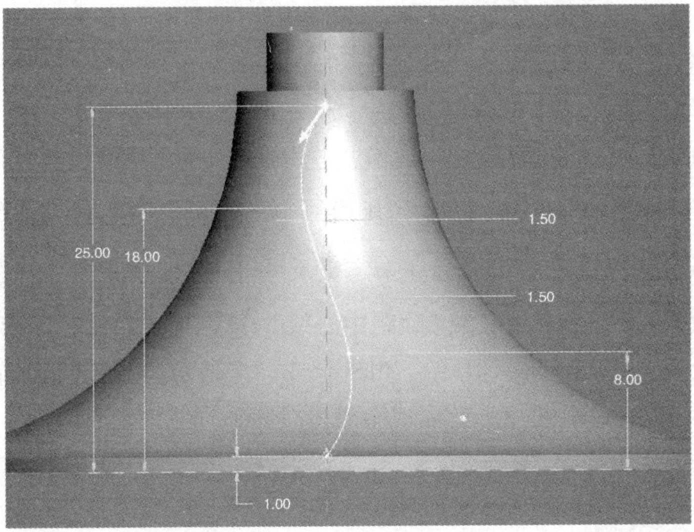

图 3－1－27　创建叶片实体

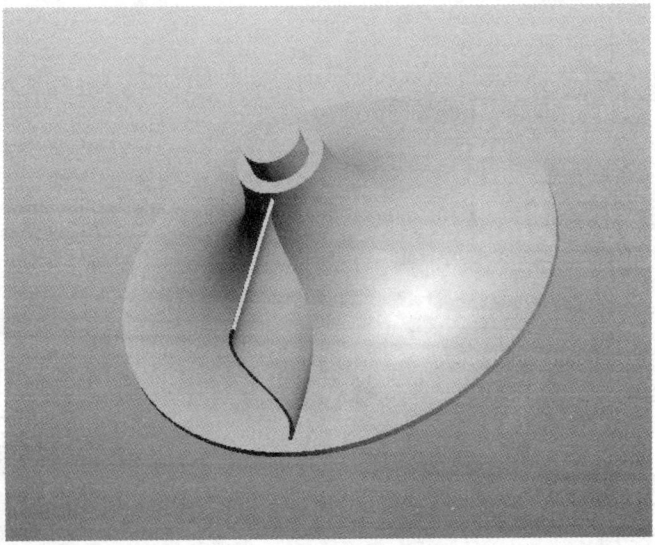

图 3－1－28　完成叶片实体创建

(2) 切割叶片实体

① 点选“拉伸”命令,如图 3－1－29 所示,在左上角拉伸面板里依次按

下:1) 拉伸为“实体”;2) 两侧拉伸;3) 移除材料。点选“放置”下的“定义”草绘,点选 RIGHT 平面,进入草绘截面界面。

图 3-1-29　点选“拉伸”命令

② 点选“三点绘制圆弧”命令 绘制圆弧,接着点选“直线”命令 绘制直线,点选“选取” ,双击鼠标左键修改尺寸数值,水平距离:25、27,垂直距离:30、13,圆弧半径 30,最终得到草绘,如图 3-1-30 所示,轨迹绘制完成点选右下角 ,继续点选右上角 ,完成叶片实体的切割。

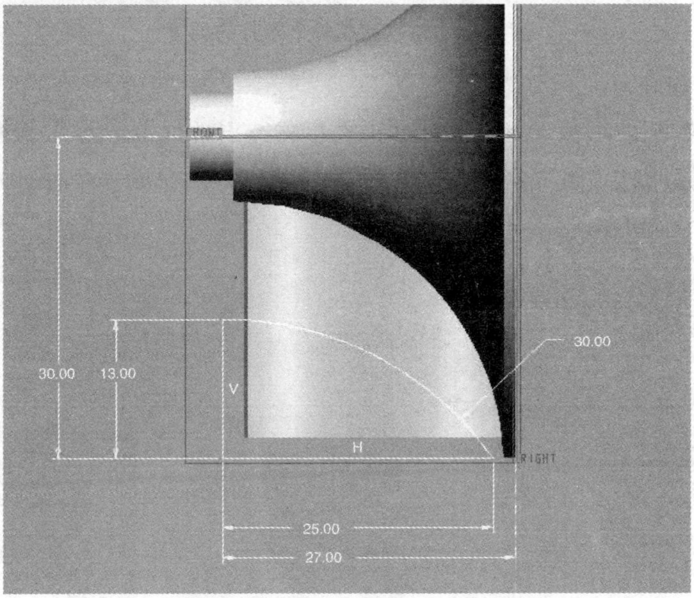

图 3-1-30　切割叶片实体

(3) 圆角特征

点选“倒圆角”命令 ,设置圆角半径为 0.5,点选叶片与基体相交的四条边,点选右上角 ,即完成一个叶片的创建,如图 3-1-31 所示。

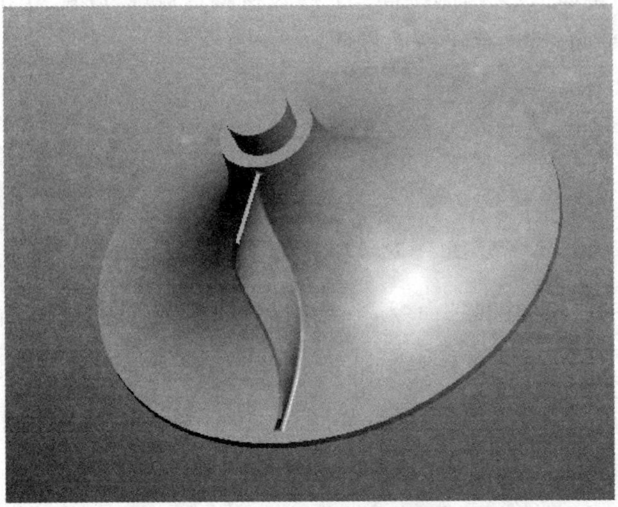

图 3－1－31　完成一个叶片的创建

（4）阵列叶片

① 在模型树中，左手按住 SHIFT，右手连续点选之前 3 个步骤中创建的特征，右击鼠标，点选“组”，将创建一个叶片的三个特征变成一个特征，方便阵列，如图 3－1－32 所示。

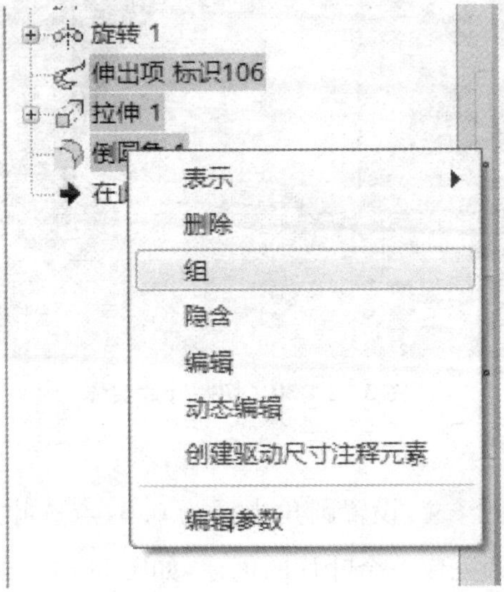

图 3－1－32　点选“组”命令

② 点选模型树中刚刚创建的组，点选“阵列”命令，如图 3－1－33 所示，在阵列面板里依次选取：1）以阵列中心为轴方式阵列；2）在工作区域中点选旋转中心轴；3）阵列个数为 15；4）阵列间隔角度为 24。点选右上角，即完成叶片的阵列。

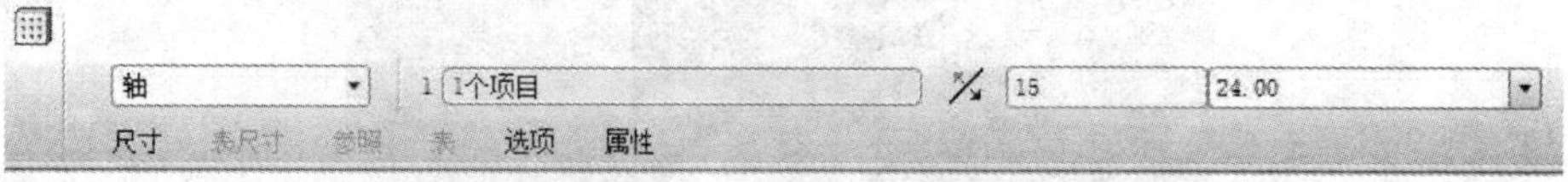

图 3－1－33　阵列叶片

4. 孔命令

(1) 创建轴孔

① 点选“拉伸”命令，如 3－1－34 所示，在左上角拉伸面板里依次按下：1）拉伸为“实体”；2）拉伸至下一曲面；3）移除材料。点选“放置”下的“定义”草绘，点选基体上顶面为草绘平面，进入草绘截面界面。

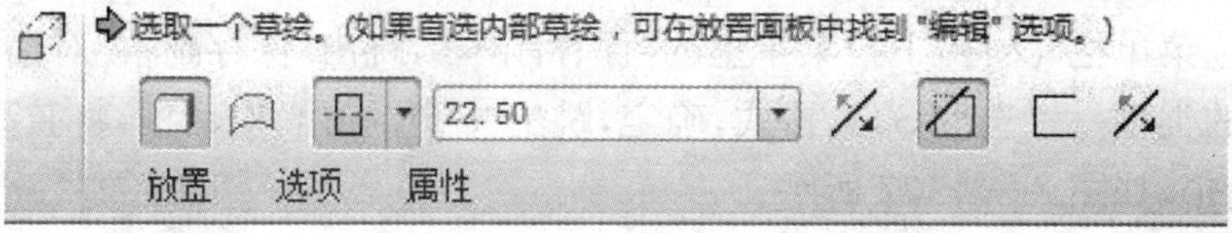

图 3－1－34　创建销孔

② 以基体旋转中心为圆心绘制一个直径为 5 的圆，点选右下角，继续点选右上角，完成轴孔的创建。

(2) 创建销孔

① 点选“拉伸”命令，在左上角拉伸面板里依次按下：1）拉伸为“实体”；2）两侧拉伸；3）移除材料。点选“放置”下的“定义”草绘，点选 RIGHT 平面为草绘平面，进入草绘截面界面。

② 点选“圆”命令，绘制直径 R＝1.5 的圆，距离底面 28，如 3－1－35 所示，点选右下角，继续点选右上角，完成销孔的创建。

③ 保存。

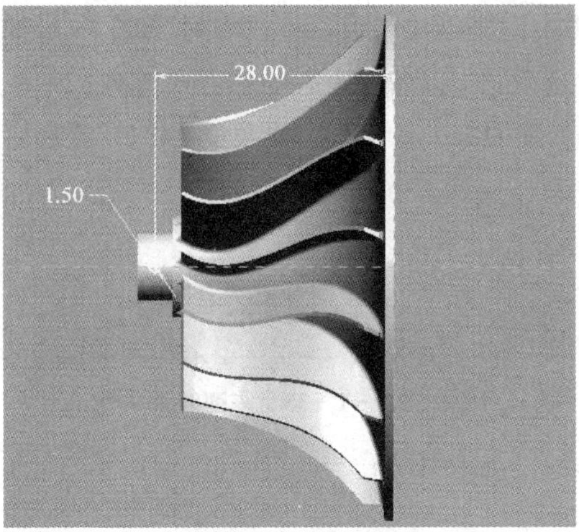

图 3-1-35　创建轴孔

3.1.5　Pro/Engineer 模型在 3D 打印机上的实现

1. STL 文件的生成

点选菜单栏“文件”下拉菜单里的“保存副本”，跳出“保存副本”对话框，在对话框中的类型一栏选取 STL 格式，确定，跳出“STL 导出”对话框，将弦高作适当修改，确定，如图 3-1-37 所示。

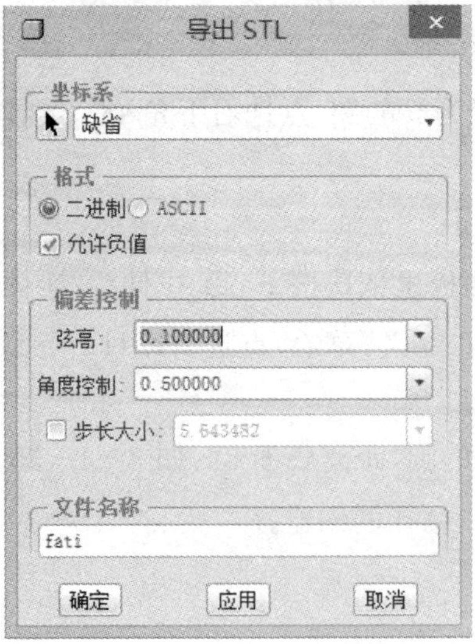

图 3-1-36　导出 STL

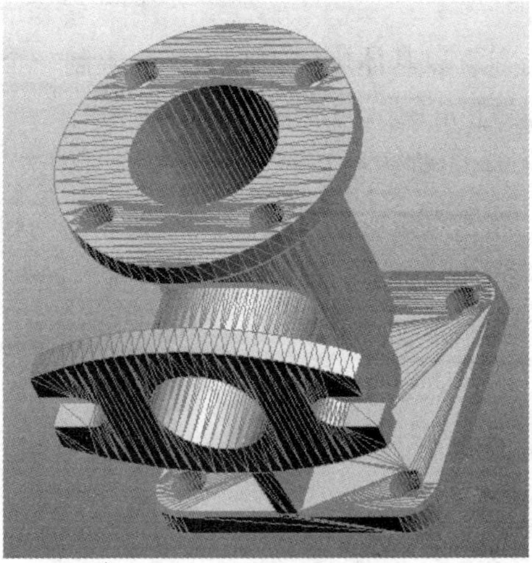

图 3-1-37　完成图

自此，STL 文件已经成功生成。

2. 将模型输入到 3D 打印机

具体操作步骤参见 2.1.5 中"3DS MAX 模型在 3D 打印机上的实现"部分。图示为 Pro/E 三维建模效果图（图 3-1-38）与 3D 打印成品图（图 3-1-39）的对比。

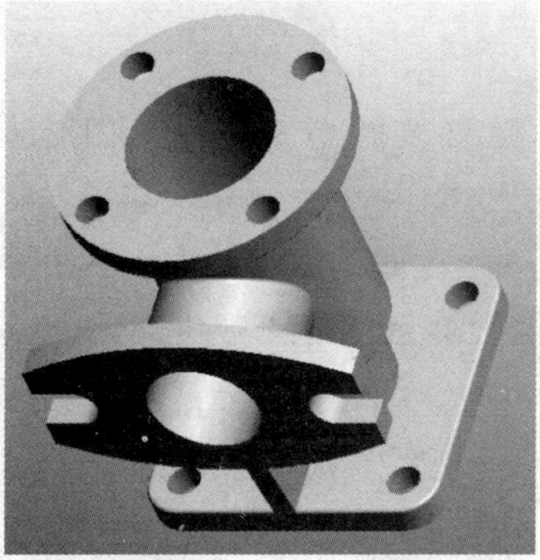

图 3-1-38　Pro/E 三维建模效果图

图 3-1-39　3D 打印成品图

3.2　SolidWorks 结构设计基础

3.2.1　SolidWorks 简介及特点

SolidWorks 公司是专业从事三维机械设计、工程分析和产品数据管理软件开发和营销的跨国公司，其软件产品 SolidWorks 提供一系列的三维产品设计，帮助设计师减少设计时间，增加精确性，提高设计的创新性，并将产品更快推向市场。SolidWorks 软件是世界上第一个基于 Windows 开发的三维 CAD 系统。该软件功能强大，组件繁多，使得 SolidWorks 成为领先的、主流的三维 CAD 解决方案。

SolidWorks 是一种机械设计自动化应用软件，对于机械设计、大型装配体设计有很大优势，适合于三维建模初学者以及从事机械领域学习和工作的人群。SolidWorks 最大的特点在于其易学易用，新用户很容易上手，图标的设计简单明了，帮助文件详细，自带教程丰富，又采用核心汉化，易学易懂。

此外，SolidWorks 提供了一套完整的动态界面和鼠标拖动控制。"全动感的"的用户界面减少设计步骤,减少了多余的属性管理器,从而避免了界面的零乱。SolidWorks 提供的 AutoCAD 模拟器,使得 AutoCAD 用户可以保持原有的作图习惯,顺利地从二维设计转向三维实体设计。SolidWorks 软件成功地处理了创作过程中存在的多重系统的问题,操作者基本上都可以运用 SolidWorks 软件进行关联性分析,使得设计过程顺畅、简单及准确。

3.2.2 SolidWorks 工作界面

SolidWorks 2013 工作界面包括菜单栏、工具栏、管理器窗口、图形区域、任务窗口以及状态栏等,如图 3-2-1 所示。

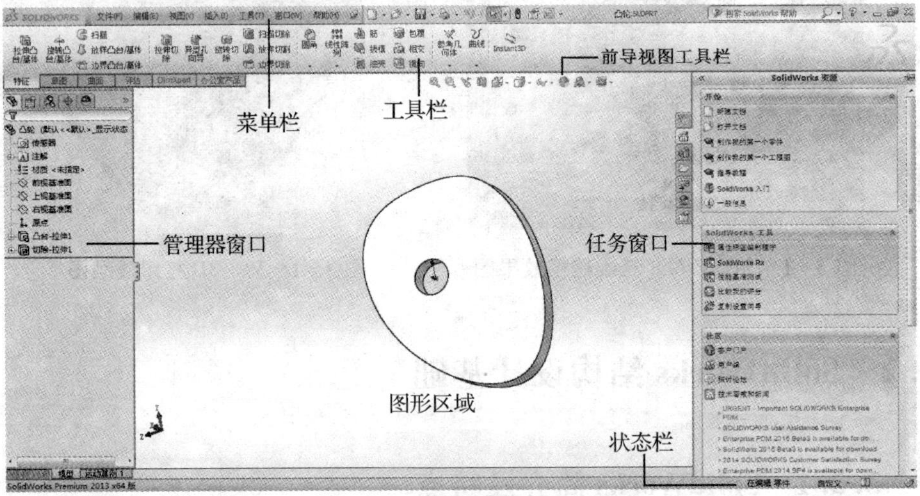

图 3-2-1 用户界面

1. 菜单栏

用户可以通过菜单访问所有 SolidWorks 命令,其使用 Windows 惯例,包括子菜单、指示项目是否激活的复选标记等。还可以通过单击鼠标右键使用上下文相关快捷菜单。

2. 工具栏

工具栏可以使用户快速找到最常用的命令,它根据不同的功能来组织的,而且可以根据需要自定义工具栏的按钮、移动工具栏的位置或者重新排列工具栏。

3. 管理器窗口

(1) FeatureManager 设计树 形象地显示出零件或装配体中的所有特征。

当一个特征创建好后，就被添加到 FeatureManager 设计树中，可以显示出建模操作的先后顺序。通过 FeatureManager 设计树，可以编辑零件中包含的特征。

(2) PropertyManager 许多命令是通过 PropertyManager(属性管理器)菜单执行的，PropertyManager 菜单和 FeatureManager 设计树处于相同的位置，当激活一个命令时，PropertyManager 就会将 FeatureManager 设计树覆盖，当 PropertyManager 菜单运行完时，它也会自动替代 FeatureManager 设计树。在 PropertyManager 顶部排列的按钮包括确定、取消、预览。

(3) ConfigurationManager 让用户能够在文档中生成、选择和查看零件和装配体的多种配置，配置是单个文档内的零件或装配体的变体。例如，可以使用螺栓的配置指定不同的长度和直径。

4. 任务窗口

任务窗口。放置了 SolidWorks 资源、设计库、文件搜索器、搜索、查看调色板、外观/布景、自定义属性选项等，能够帮助用户提高绘图的速度。例如，用户可以从里面任务窗口的标准件库中，找到标准件直接插入到图形中。

5. 状态栏

显示当前工作状态以及单位系统，提供设计人员正执行的有关功能的信息。

3.2.3　实体建模实例一

本节将介绍机械常用零件——花键轴的建模过程，图 3-2-2 为花键轴的最终建模效果图。

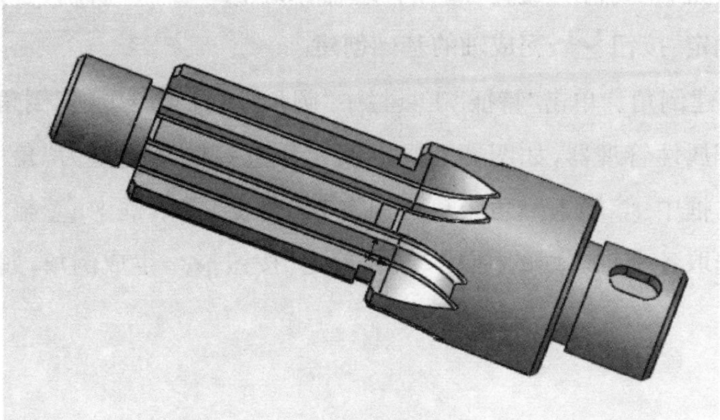

图 3-2-2　花键轴最终效果

1. 创建轴

(1) 新建文件。启动 SolidWorks 2013，单击菜单栏中的“新建”按钮，在弹出的“新建 SolidWorks 文件”对话框中，双击“零件”按钮，创建一个新的零件文件。

(2) 绘制草图。在“FeatureManager 设计树”中选择“前视基准面”作为草图绘制基准面，单击“草图”工具栏中“草图绘制”按钮，将其作为草绘平面；使用“草图”工具栏中的“直线”按钮以及“中心线”按钮，在绘图区绘制轴的外形轮廓线，如图 3-2-3 所示。

(3) 标注尺寸。单击工具栏中的“智能尺寸”按钮，为草图轮廓添加尺寸。首先标注花键轴的全长为 110 mm，再标注细节尺寸，这样可以有效避免草图轮廓在添加尺寸前几何关系的变化。标注完退出草绘。

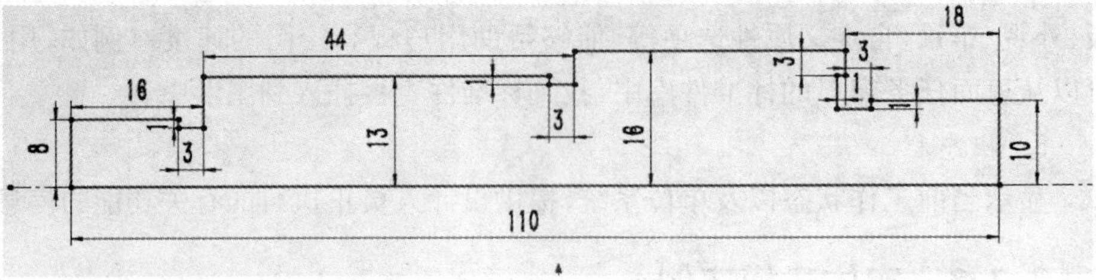

图 3-2-3　绘制草图

(4) 生成实体。在设计树中选中“草图 1”，单击“特征”工具栏中的“旋转凸台/基体”按钮，弹出“旋转”属性管理器，如图 3-2-4 所示，各选项参数不变，单击“确定”按钮，完成轴的基础创建。

(5) 创建倒角。单击“特征”工具栏中“圆角”下拉菜单中的“倒角”按钮，弹出“倒角”属性管理器，如图 3-2-5 所示。选择倒角类型为“角度距离”，在“距离”文本框中输入倒角距离为“1”，在“角度”文本框中输入倒角角度为 45 度，选取各个轴端面的棱边，单击“确定”按钮，生成倒角，如图 3-2-6 所示。

图 3-2-4　旋转属性管理器

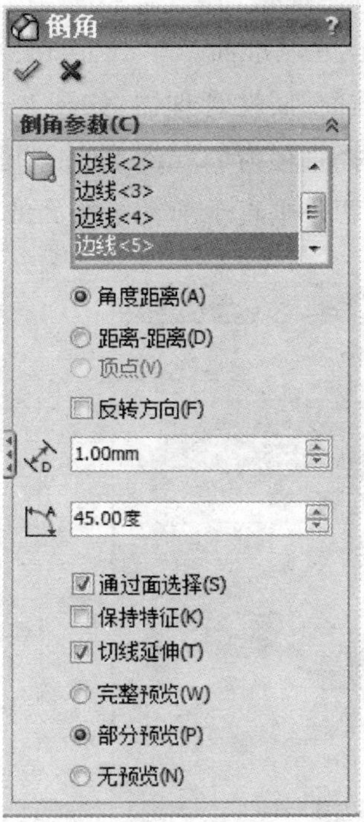

图 3-2-5　倒角属性管理器

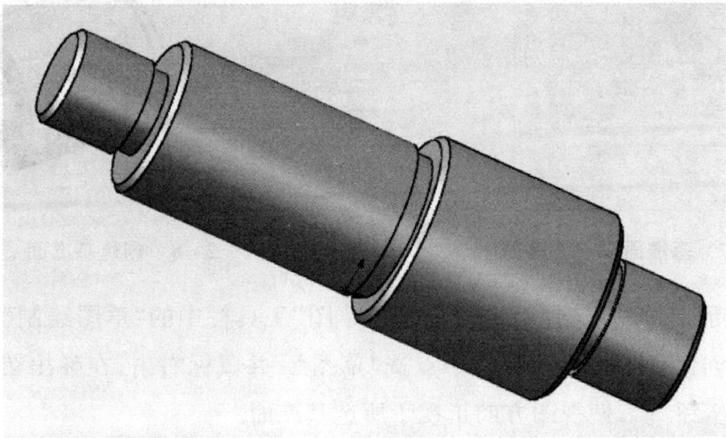

图 3-2-6　创建倒角

2. 创建键槽

(1) 创建基准面。单击工具栏中“参考几何体”工具下的“基准面”按钮，弹出“基准面”属性管理器，如图 3－2－7 所示；第一参考选择“前视基准面”，第二参考选择直径为 20 mm 的轴端圆柱面，单击“确定”按钮，生成与所选轴端圆柱面相切并垂直于前视基准面的基准面，如图 3－2－8 所示。

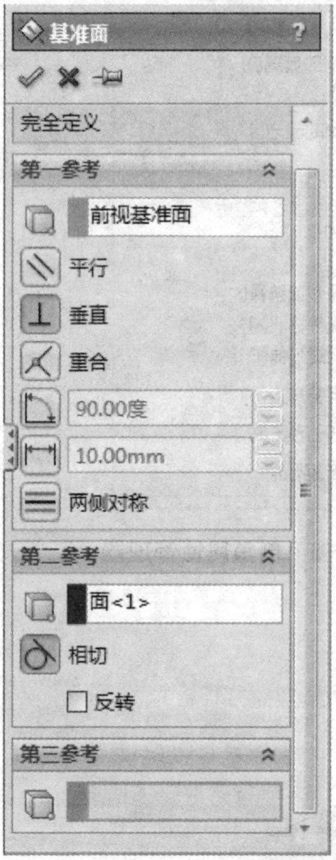

图 3－2－7 基准面属性管理器

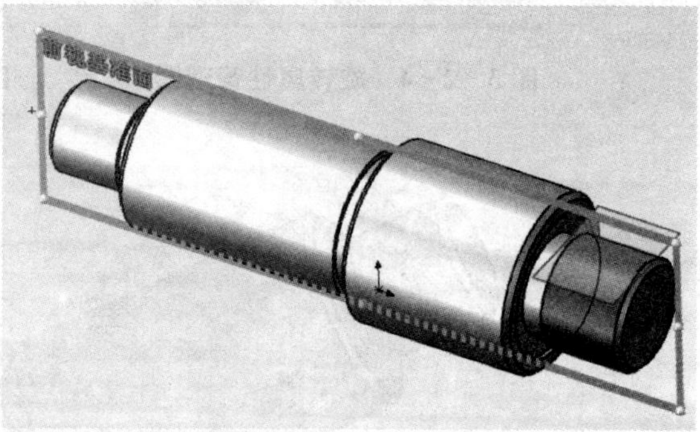

图 3－2－8 创建基准面

(2) 新建草图。选择基准面，单击“草图”工具栏中的“草图绘制”按钮，在该面上创建草图 2；在设计树中点选“草图 2”并鼠标右击，在弹出菜单中单击“正视于”按钮，使视图方向正视于所选基准面。

(3) 绘制键槽草图。使用草图工具“直槽口”命令绘制键槽草图轮廓，并标注尺寸，如图 3－2－9 所示，绘制完成后退出草绘。

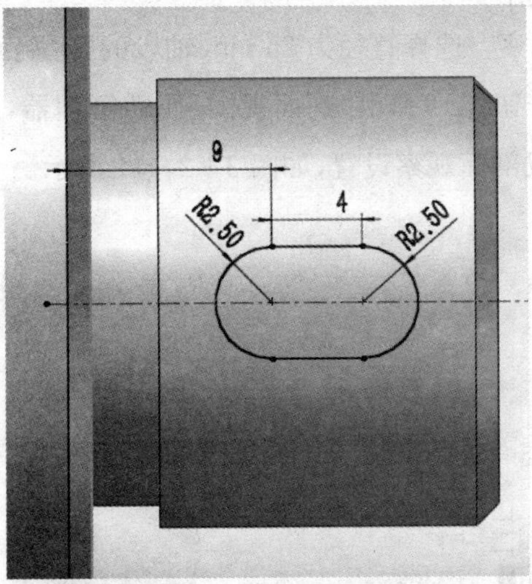

图 3-2-9　绘制键槽

(4) 切除拉伸实体。单击“特征”工具栏中的“拉伸切除”按钮，系统弹出“切除-拉伸”属性管理器；设置切除的终止条件为给定深度，在“深度”文本框中输入切除深度为 3，单击“确定”按钮，完成键槽的创建，如图 3-2-10 所示。

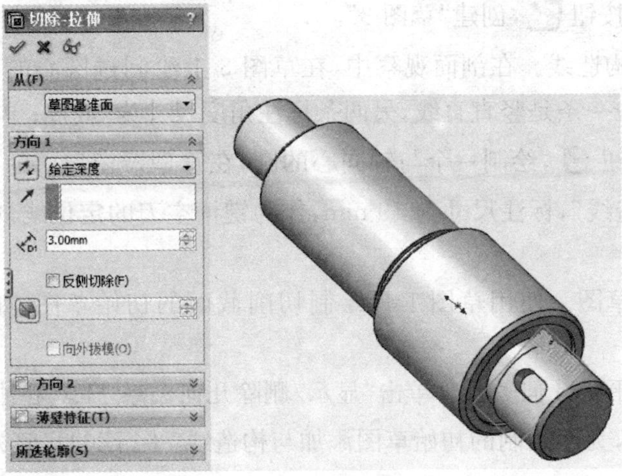

图 3-2-10　创建槽

3. 创建花键草图

(1) 设置剖面观察。选择直径为 26 mm 轴段的“左端面”，单击前导视图工具栏中的剖面视图按钮 ，弹出“剖面视图”属性管理器，各选项设置不变，单击确定按钮 ，完成剖面观察设置，如图 3－2－11 所示。

图 3－2－11　设置剖面观察

(2) 新建草图。选择直径为 26 mm 轴段的“左端面”，单击“草图”工具栏中的“草图绘制”按钮 ，创建“草图 3”。

(3) 绘制构造线。在剖面观察中，在草图 3 上绘制过圆心的 3 条中心线作为构造线，其中一条是竖直直线，另两条标注角度尺寸为 30 度；单击“草图”工具栏中的“圆”按钮 ，绘制一个与轴同心的圆，在管理器窗口中的“选项”菜单里点选“作为构造线”，标注尺寸为 19 mm，作为键槽空刀的定位线，如图 3－2－12 所示。

(4) 绘制草图。使用草图工具绘制切削截面的初始草图，如图 3－2－13 所示。

(5) 添加平行几何关系。单击“显示/删除几何关系”工具栏中的“添加几何关系”按钮 ，为所绘制的初始草图添加与构造线“平行”的几何关系。

(6) 绘制圆角。单击“草图”工具栏中的“绘制圆角”按钮 ，为键槽空刀截面添加尺寸为 0.5 mm 的圆角。

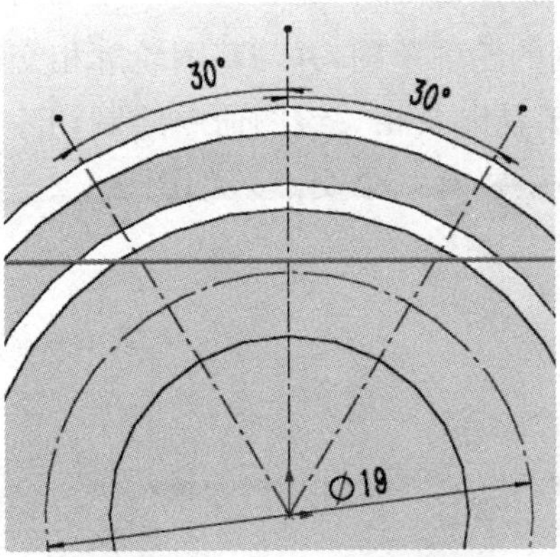

图 3-2-12　绘制构造线

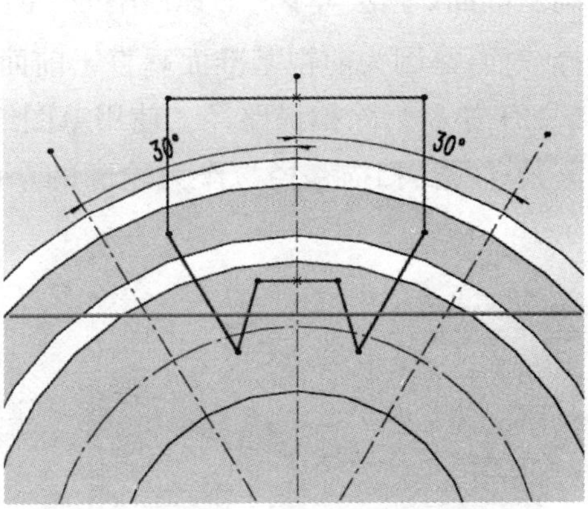

图 3-2-13　切削截面的初始草图

(7) 添加相切几何关系。单击工具栏中“显示/删除几何关系”命令下的“添加几何关系”按钮，给键槽空刀截面 0.5 mm 的圆角和直径为 19 mm 的构造圆添加“相切”几何关系。

(8) 标注尺寸。单击“草图”工具栏中的“智能尺寸”按钮，为草图添加尺寸，切削截面的最终效果如图 3-2-14 所示。

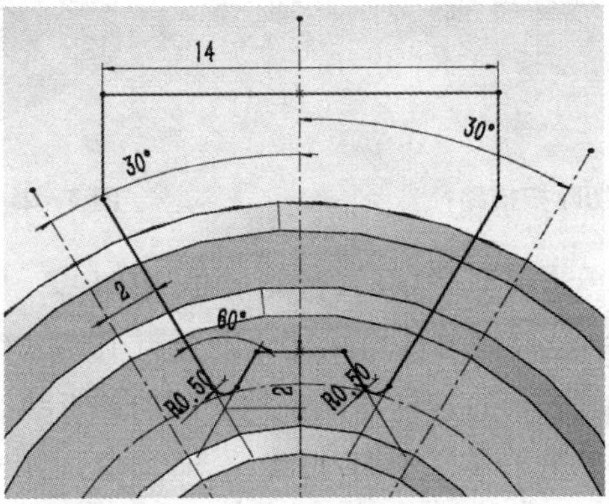

图 3-2-14　切削截面的最终草图

(9) 退出草绘。单击工具栏中的“退出草图”命令，结束切除扫描特征中轮廓草图的绘制。

4. 创建花键

(1) 新建草图。在“FeatureManager 设计树”中选择“前视基准面”作为草图绘制基准面，单击“草图”工具栏中的“草图绘制”按钮，新建“草图 4”(之所以选择该面，是因为前视基准面垂直于前面绘制的轮廓草图，并与草图轮廓相交)。

(2) 绘制切除扫描路径。使用草图绘制工具以及相关绘图命令绘制切除扫描路径(注意：扫描路径与作为轮廓的草图必须要有一个交点)，如图 3－2－15 所示。

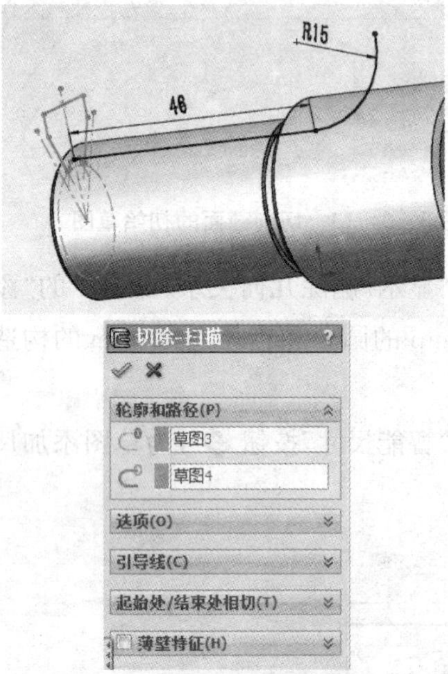

图 3－2－15 绘制切除扫描路径

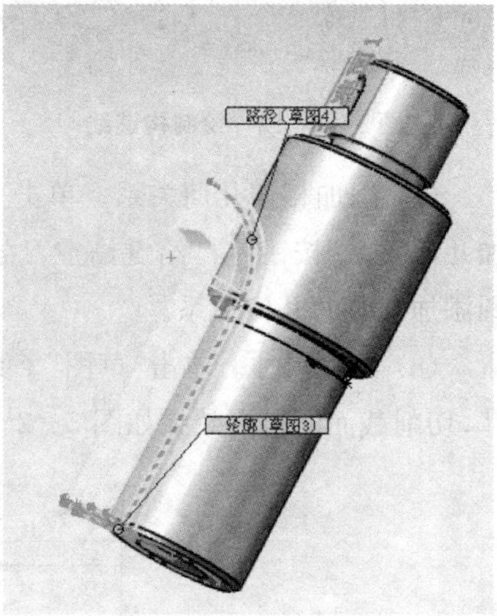

图 3－2－16 切除扫描

(3) 标注尺寸。单击工具栏中的“智能尺寸”按钮，标注扫描路径的水平尺寸为 46 mm，圆弧半径根据刀具实际尺寸设置为 15 mm(注意：圆弧部分要超出直径为 32 mm 的轴颈表面，这样才能反映实际的加工状态)。

(4) 退出草图。单击工具栏中的“退出草图”命令，退出草图绘制环境。

(5) 切除扫描实体。单击“特征”工具栏中的“扫描切除”按钮，弹出“切除-扫描”属性管理器；选择作为扫描切除轮廓的“草图 3”，选择“草图 4”作为扫描路径，单击“确定”按钮，完成一个花键的创建，如图 3－2－16 所示。

(6) 创建临时轴。单击菜单栏中的“视图—临时轴”命令，显示临时轴线，将其作为圆周阵列的中心轴，如图 3－2－17 所示。

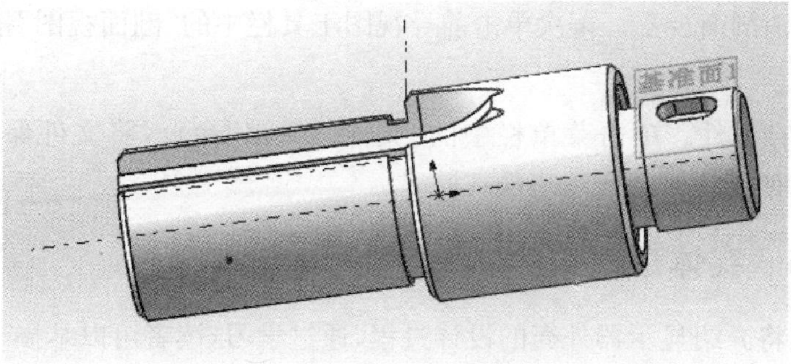

图 3-2-17　创建临时轴

(7) 圆周阵列。单击“特征”工具栏中“线性阵列”命令下的“圆周阵列”按钮 ，弹出“圆周阵列”属性管理器；选择中心轴线作为圆周阵列的中心轴，在“实例数” 文本框中输入 6，勾选“等间距”前的方框，在“要阵列的特征”选项框中选择“切除-扫描 1”特征作为要阵列的特征，单击“确定”按钮 ，完成圆周阵列，如图 3-2-18 所示。

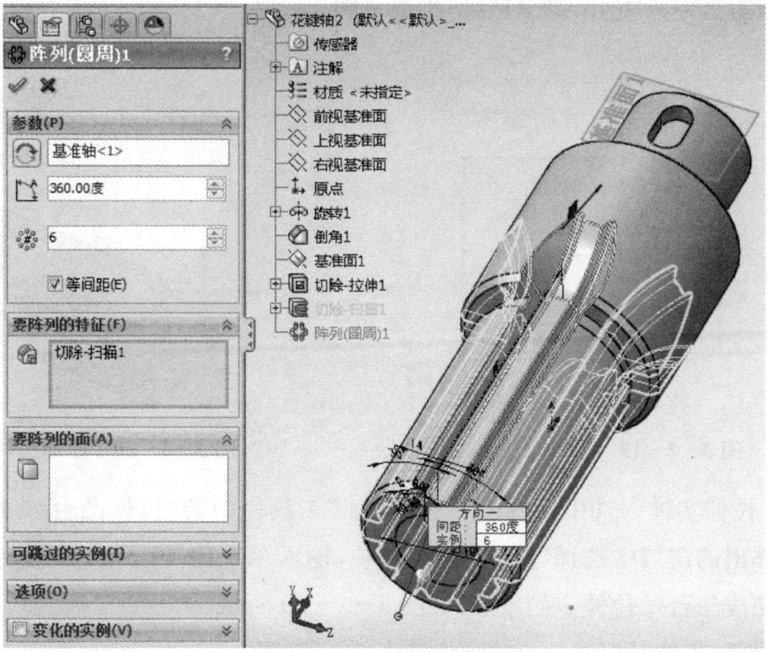

图 3-2-18　圆周阵列

(8) 取消剖面观察。再次单击前导视图工具栏中的“剖面视图”按钮，取消剖面观察。

(9) 保存文件。单击菜单栏中的“文件—保存”命令，将文件保存为“花键轴. sldprt”，使用旋转观察功能观察模型。

3.2.4 实体建模实例二

本实例将介绍显示器外壳的设计过程，通过学习，读者可以掌握一种使用简单命令创建复杂零件的建模思路。

1. 创建零件基体

(1) 新建文件。启动 SolidWorks 2013，单击菜单栏中的“新建”按钮，在弹出的“新建 SolidWorks 文件”对话框中，双击“零件”按钮，创建一个新的零件文件。

(2) 绘制草图。选择“前视基准面”作为草图基准面，单击“草图”工具栏中“草图绘制”按钮，在草绘环境中绘制如图 3-2-19 所示的横断面草图，注意将原点与矩形中心重合，退出草绘，生成草图 1。

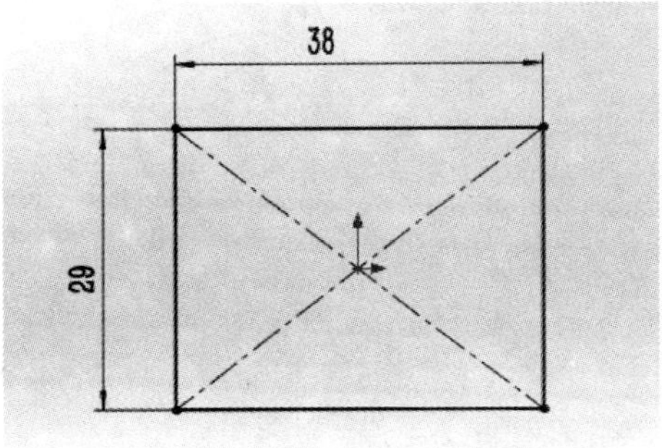

图 3-2-19 绘制草图 1

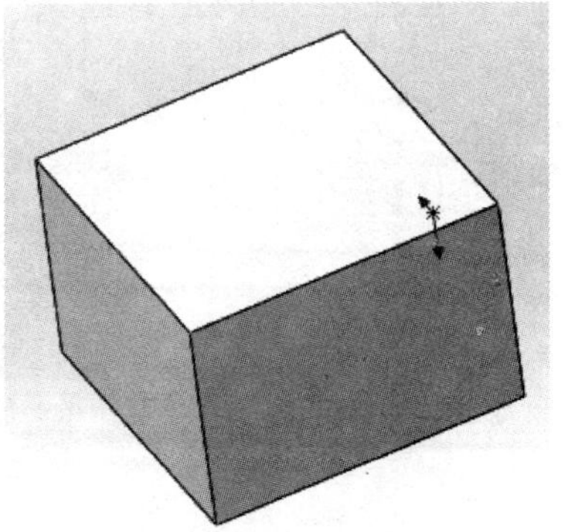

图 3-2-20 拉伸实体

(3) 拉伸实体。选中草图 1，单击“特征”工具栏中的“拉伸凸台/基体”按钮，在弹出的窗口中选择“给定深度”选项，输入深度值 40 mm，单击“确定”按钮，完成凸台—拉伸 1 的创建，如图 3-2-20 所示。

2. 添加零件特征——切除-旋转 1

(1) 绘制草图。选择“上视基准面”作为草图基准面，在草绘环境中绘制图

3-2-21所示的横断面草图，注意要绘制旋转中心线及圆弧的圆心在中心线上，退出草绘，生成草图 2。

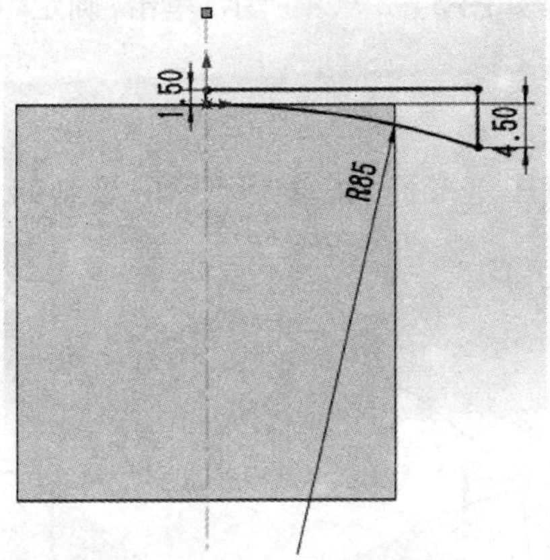

图 3-2-21　绘制草图 2

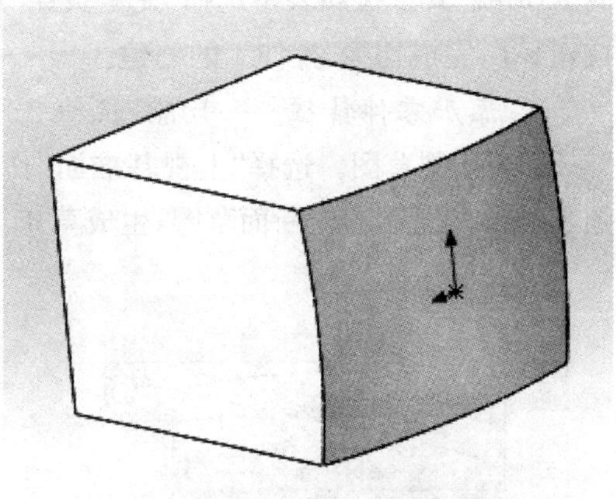

图 3-2-22　旋转切除

(2) 旋转切除。选中“草图 2”，单击“特征”工具栏中的“旋转切除”按钮，默认将草图 2 中绘制的中心线作为旋转轴线，在弹出的窗口中选择“给定深度”选项，在文本框中输入数值 360，单击“确定”按钮，完成切除-旋转 1 的创建，如图 3-2-22 所示。

3. 添加零件特征——切除-拉伸 1

(1) 绘制草图。选择“右视基准面”作为草图基准面，在草绘环境中绘制如图 3-2-23所示的横断面草图，生成草图 3。

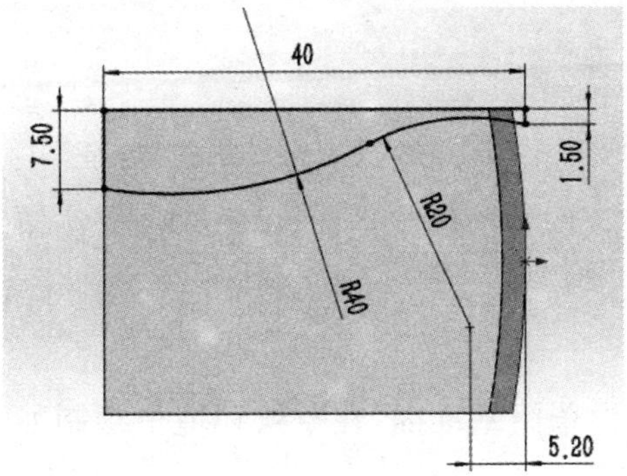

图 3-2-23　绘制草图 3

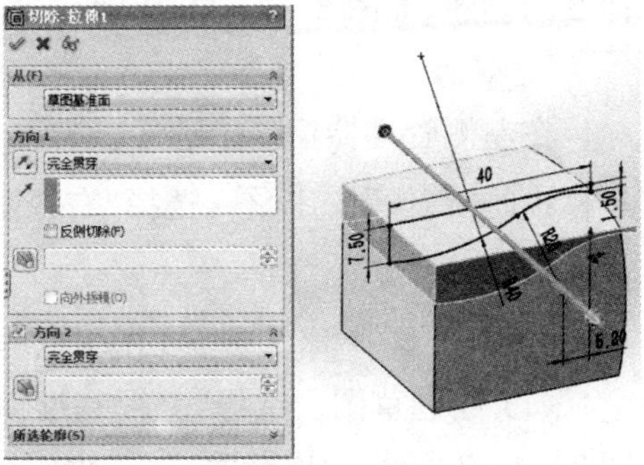

图 3-2-24　拉伸切除 1

(2) 切除拉伸。选中“草图3”,单击“特征”工具栏中的“拉伸切除”按钮,在弹出窗口中的“方向1”区域下拉列表中选择“完全贯穿”选项,同时,选中“方向2”,并在其下拉列表中选择“完全贯穿”选项,如图3－2－24所示,单击“确定”按钮,完成切除-拉伸1的创建。

4. 添加零件特征——切除-拉伸2

(1) 绘制草图。选择“上视基准面”作为草图基准面,在草绘环境中绘制如图3－2－25所示的横断面草图,生成草4。

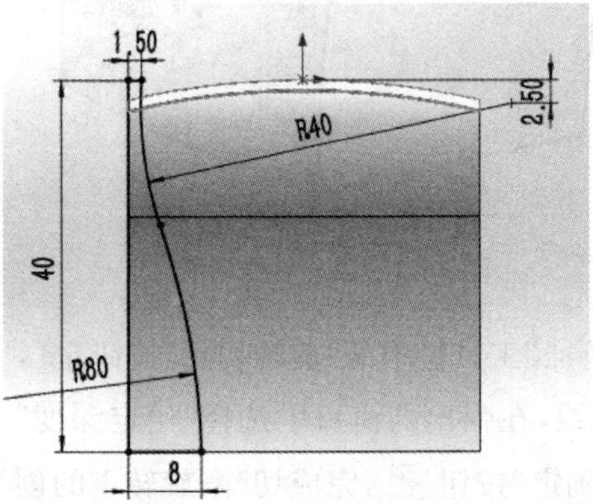

图3－2－25　绘制草图4

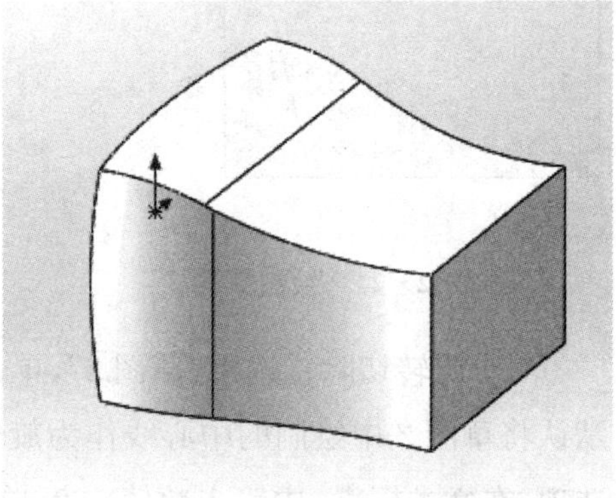

图3－2－26　拉伸切除2

(2) 切除拉伸。选中草图4,单击“特征”工具栏中的“拉伸切除”按钮,在弹出窗口中的“方向1”区域下拉列表中选择“完全贯穿”选项,同时,选中“方向2”,并在其下拉列表中选择“完全贯穿”选项,单击“确定”按钮,完成切除-拉伸2的创建,如图3－2－26所示。

5. 镜像

在左侧管理器窗口中选中“切除-拉伸2”,作为镜像的对象,单击“特征”工具栏中的“镜像”按钮,选择“右视基准面”作为镜像基准面,单击“确定”按钮,完成镜像。

6. 添加零件特征——切除-旋转2

(1) 绘制草图。选择“上视基准面”作为草图基准面,在草绘环境中绘制如图3－2－27所示的横断面草图,生成草图5。

(2) 旋转切除。选中“草图5”,单击“特征”工具栏中的“旋转切除”按钮,默认将草图 5 中绘制的中心线作为旋转轴线，在弹出的窗口中选择“给定深度”选项，在文本框中输入数值 360，单击“确定”按钮，完成切除-旋转 2 的创建，如图 3-2-28 所示。

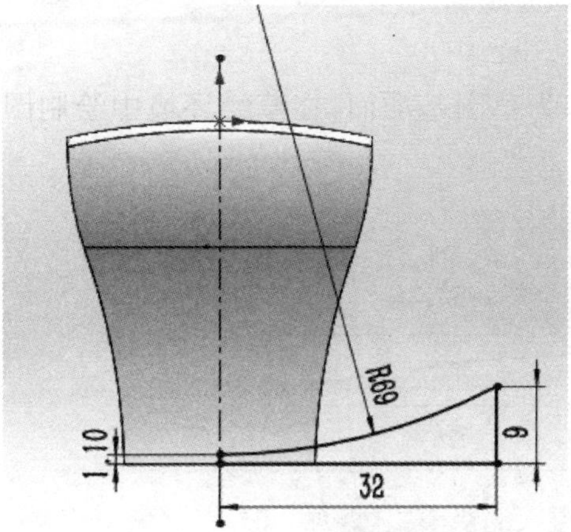

图 3-2-27　绘制草图 5

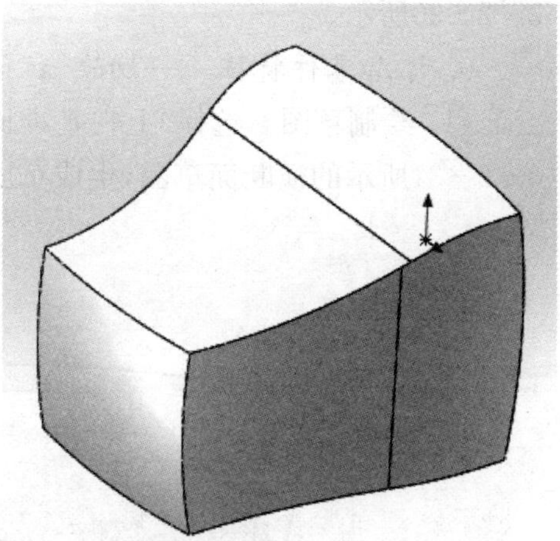
图 3-2-28　旋转切除 2

7. 创建圆角

单击“特征”工具栏中的“圆角”按钮，弹出“圆角”属性管理器，点选显示器外壳侧面和背面的各个棱边，选择圆角类型为“等半径”，输入圆角半径值 2，完成圆角的创建，如图 3-2-29 所示。

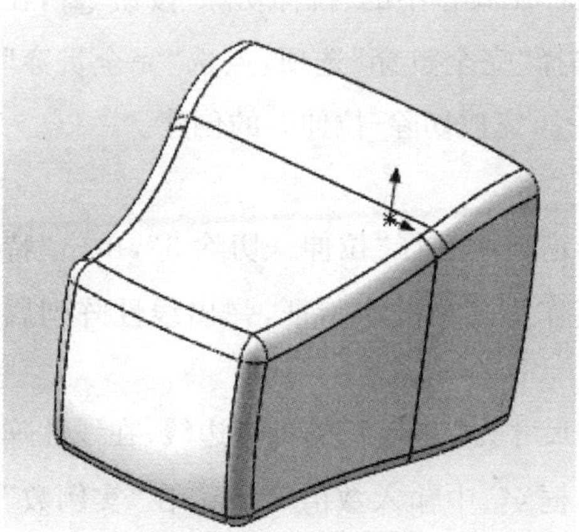
图 3-2-29　圆角

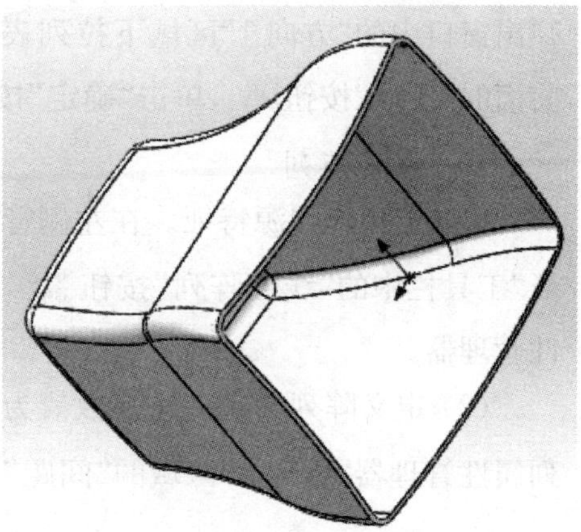
图 3-2-30　抽壳

8. 抽壳

单击“特征”工具栏中的“抽壳”按钮，选择显示器的前视面为要移除的面，在“参数”一栏中设置壁厚值为 0.5，单击“确定”按钮，完成抽壳的创建，如图 3-2-30所示。

9. 添加零件特征——切除-拉伸 3

(1) 绘制草图。选择“上视基准面”作为草图基准面，在草绘环境中绘制图 3-2-31所示的横断面草图，生成草图 6。

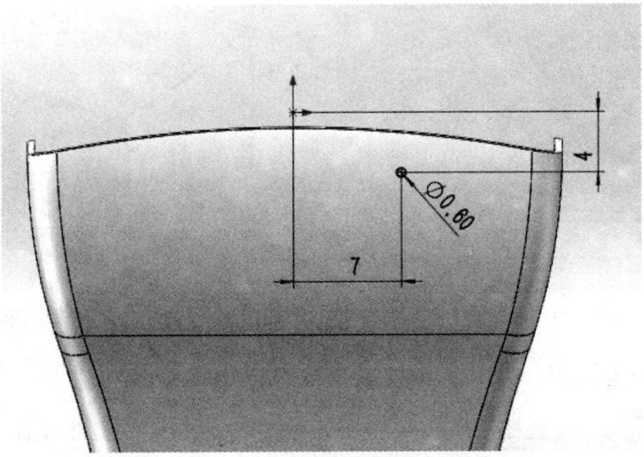

图 3-2-31　绘制草图 6

(2) 切除拉伸。选中草图 6，单击“特征”工具栏中的“拉伸切除”按钮，在弹出窗口中的“方向 1”区域下拉列表中选择“完全贯穿”选项，点选“完全贯穿”前面的“反向”按钮，单击“确定”按钮，完成切除-拉伸 3 的创建。

10. 线性阵列

(1) 定义阵列源特征。在左侧管理器窗口中选择“拉伸—切除 3”，单击“特征”工具栏中的“线性阵列”按钮，将其作为阵列的源特征，弹出线性阵列属性管理器。

(2) 定义阵列参数。选择数值为 4 的尺寸为“方向 1”的参考边线，在线性阵列属性管理器“方向 1”区域的“间距”文本框中输入数值 2 mm，在“实例数”文本框中输入数值 16；点击“方向 2”区域中的“阵列方向框”，点选数值为 7 的尺寸为“方向 2”的参考边线，在“方向 2”区域的“间距”文本框中输入数值

2 mm，在"实例数"文本框 中输入数值 8，并点击"反向"按钮 ，如图 3－2－32所示，单击"确定"按钮 ，完成线性阵列的创建。

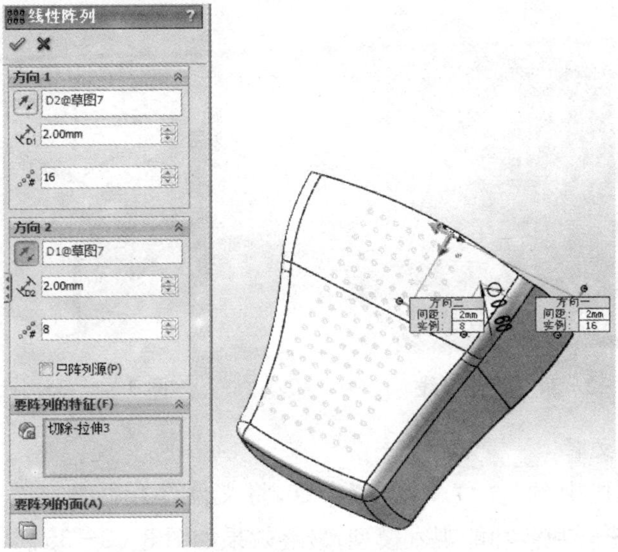

图 3－2－32　线性阵列

11. 添加零件特征——切除-扫描 1

(1) 绘制草图。选择"上视基准面"作为草图基准面，在草绘环境中绘制图 3－2－33 所示的横断面草图，生成草图 7。

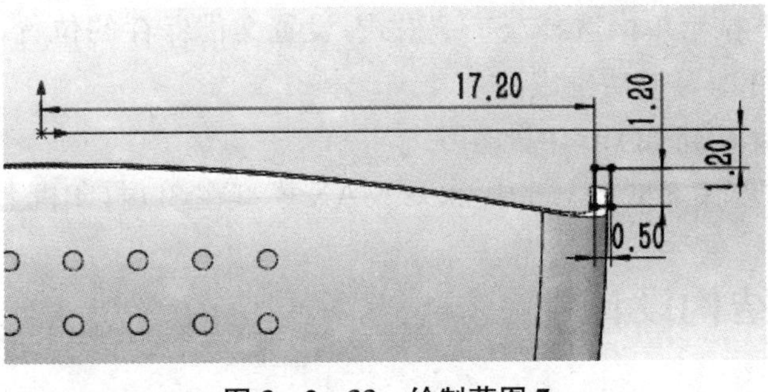

图 3－2－33　绘制草图 7

(2) 创建组合曲线。单击"特征"工具栏中"曲线"下拉菜单中的"组合曲线"按钮 ，弹出组合曲线窗口。选择显示器开口的所有外层边线作为要组合的边线，如图 3－2－34 所示，单击"确定"按钮 ，完成组合边线的创建。

(3) 切除-扫描。单击"特征"工具栏中的"扫描切除"按钮 ，弹出切除扫描窗口，在“轮廓”框中选择“草图 7”作为扫描轮廓，在“路径”框中选择“组合曲线”作为扫描的路径，单击“确定”按钮，完成零件特征——切除-扫描 1 的创建。

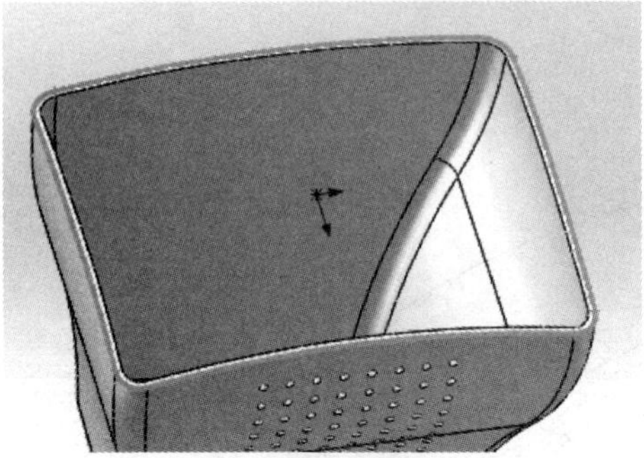

图 3-2-34　组合曲线

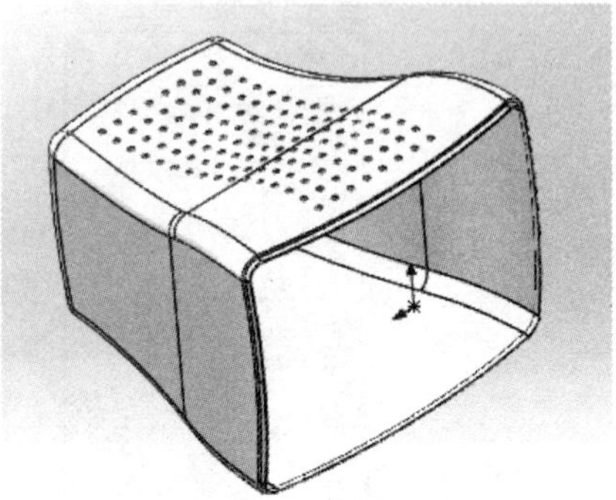

图 3-2-35　最终效果

12. 保存文件

单击菜单栏中的“文件—保存”命令，将文件保存并命名为“显示器外壳.sldprt”，使用旋转观察功能观察模型，最终效果如图 3-2-35 所示。

3.2.5　SolidWorks 模型在 3D 打印机上的实现

1. STL 文件的生成

单击菜单栏中的“文件—另存为”命令，在跳出的“另存为”对话框中选择保存类型，在其下拉菜单中选择“STL”格式，设置文件保存的位置，更改文件名并保存，STL 文件即可成功生成。

2. 模型输入到 3D 打印设备

具体操作步骤参见 2.1.5 中“3DS MAX 模型在 3D 打印机上的实现”部分。

3.3　UG 结构设计

3.3.1　UG NX 9.0 简介及特点

UG NX 9.0 是一款集成化的 CAD/CAM/CAE 系统软件，它为工程设计人员提供了非常强大的应用工具，通过这些工具可以对产品进行设计、工程分析、绘制工程图以及数控编程加工等操作。

UG NX 9.0 是集 CAD/CAM/CAE 于一体的 3D 参数化软件，是当今世界最先进的计算机辅助设计、分析和制造软件之一，它涵盖了产品设计、工程和制造中的全套开发流程，为客户提供了全面的产品全生命周期解决方案，是当今最先进的产品全生命周期管理软件之一。

UG NX 9.0 不仅具有强大的实体造型、曲面造型、虚拟装配以及产生工程图等设计功能，而且在设计过程中还可以进行有限元分析、机构运动分析、动力学分析和仿真模拟，大大提高了设计的可靠性。同时，可以用建立的三维模型直接生成数控代码，用于产品的加工，其后处理程序支持多种类型数控机床。另外，它所提供的二次开发语言 OPEN GRIP、OPEN API 均简单易学，实现功能多，便于用户开发专用的 CAD 系统。它还具有友好的用户界面，绝大多数功能都可以通过图标实现。进行对象操作时，具有自动推理功能，在每个操作步骤中，都有相应的提示信息，以便于用户做出正确的选择。

3.3.2　UG NX 9.0 工作界面

本节介绍 UG NX 9.0 的主要工作界面及部分功能。UG NX 9.0 主工作区如图 3－3－1 所示，其中包括标题栏、主菜单栏、工具栏等 9 项主要栏目。

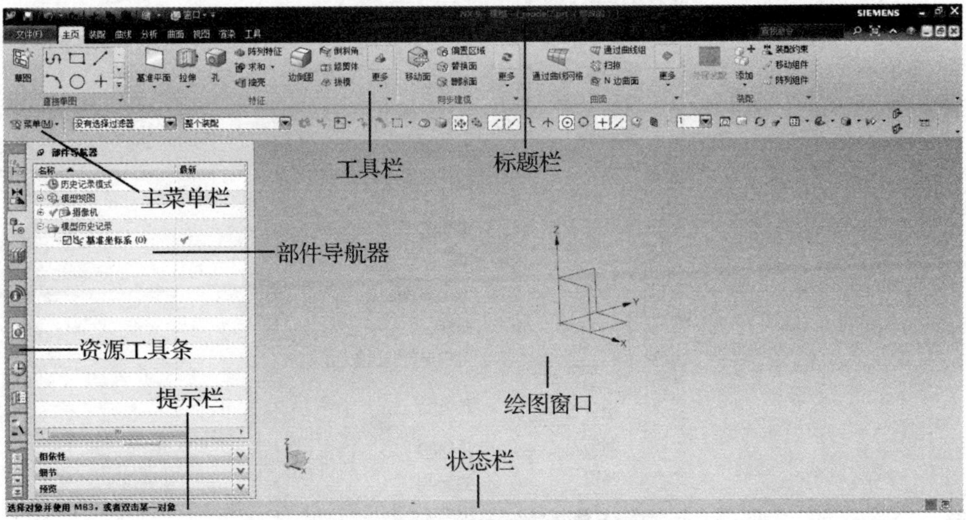

图 3－3－1　UG NX 9.0 用户界面

1. 标题栏

用来显示软件版本，以及当前的模块和文件名等信息。

2. 主菜单栏

主菜单栏包含了本软件的主要功能，系统的所有命令或者设置选项都归属到不同的菜单下，单击“菜单”下拉按钮 菜单(M)，跳出“文件”、“编辑”、“视图”、“插入”、“格式”、“工具”、“装配”“信息”、“分析”、“首选项”、“窗口”、“GC 工具箱”和“帮助”等菜单，如图 3 - 3 - 2 所示。点击相应的菜单就会显示与该功能有关的命令选项。

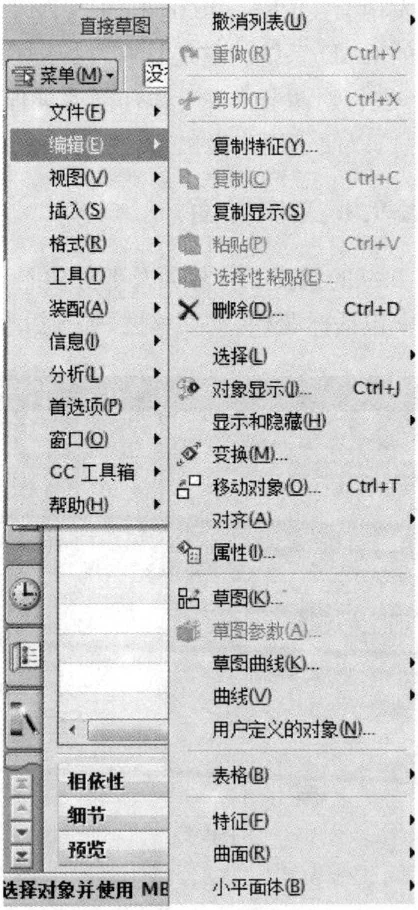

图 3 - 3 - 2　主菜单栏

3. 工具栏

工具栏中的命令以图形的方式表示命令功能，所有工具栏的图形命令都可以在主菜单栏中找到相应的命令，这样可以避免在主菜单栏中查找命令的繁琐，方便操作。

4. 工作区

工作区是绘图的主区域。

5. 坐标系

UG 中的坐标系分为工作坐标系（WCS）和绝对坐标系（ACS），其中工作坐标系是用户在建模时直接应用的坐标系。

6. 快捷菜单

快捷菜单栏在工作区中右击鼠标即可打开，其中含有一些常用命令及视图控制命令，以方便绘图工作。

7. 资源工具条

资源工具条包括：装配导航器、约束导航器、部件导航器、主页浏览器、历史记录、系统材料等。

8. 提示栏

提示栏用来提示用户如何操作。执行每个命令时，系统都会在提示栏中显示用户必须执行的下一步操作。对于不熟悉的命令，利用提示栏帮助，一般都可以顺利完成操作。

9. 状态栏

状态栏主要用于显示系统或图元的状态，例如显示是否选中图元等信息。

3.3.3　实体建模实例

在本例中，我们将制作一个支座模型。模型的最终效果如图 3－3－3 所示。其具体的操作步骤如下。

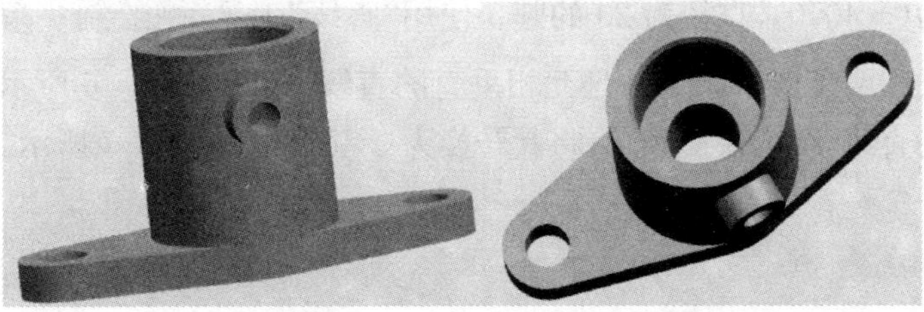

图 3－3－3　模型效果

1. 新建文件

启动 UG NX 9.0，单击“新建按钮 或者选择“文件→新建”命令，打开“文件新建”对话框。使用系统默认的“_model1.prt”文件名，然后单击“确定”按钮，进入模型制作窗口。

2. 创建拉伸特征

(1) 在“特征”工具栏中单击“拉伸”工具按钮，打开“拉伸”对话框。在“截面”面板中单击“草图截面”按钮，即跳出“创建草图”对话框，如图 3-3-4 所示。

图 3-3-4 “拉伸”对话框和“创建草图”对话框

(2) 在绘图窗口中，选择“XY”平面为草图平面，然后单击“创建草图”对话框中“确定”按钮进入草图界面。单击圆工具按钮，在动态窗口输入圆心坐标为(0,0)，如图 3-3-5 所示，直径为 40，这样即可绘制一个圆。再以同样的操作绘制一个圆心为(−40,0)，直径为 20 的圆。使用“直线”工具 绘制一条与两个圆都相切的切线和两条通过原点并且互相垂直的直线，如图 3-3-6 所示。然后右击两条垂直的直线，跳出快捷菜单，将其转换为参考，如图 3-3-7 所示。

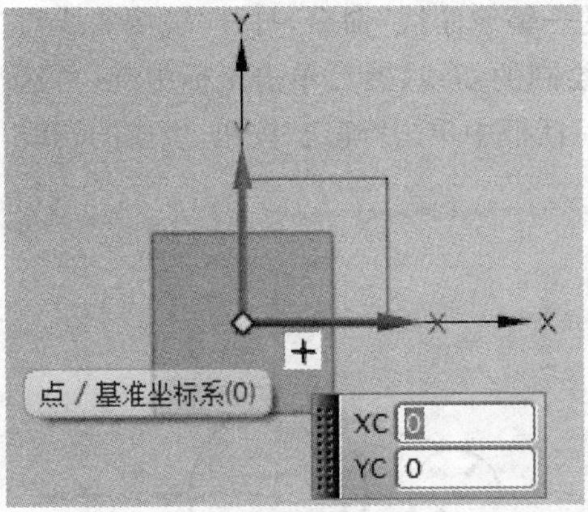

图 3-3-5　动态窗口

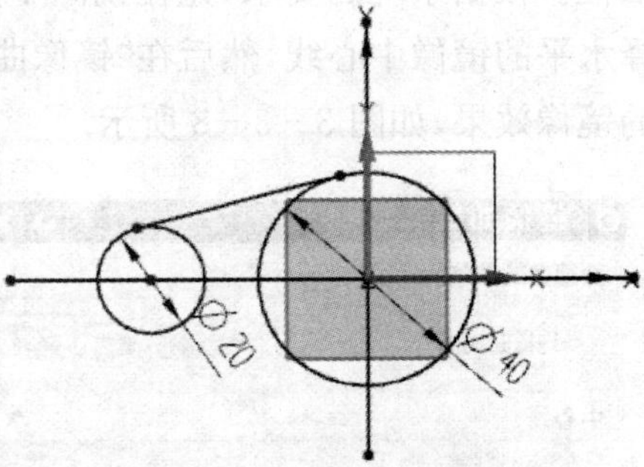

图 3-3-6　绘制的草图

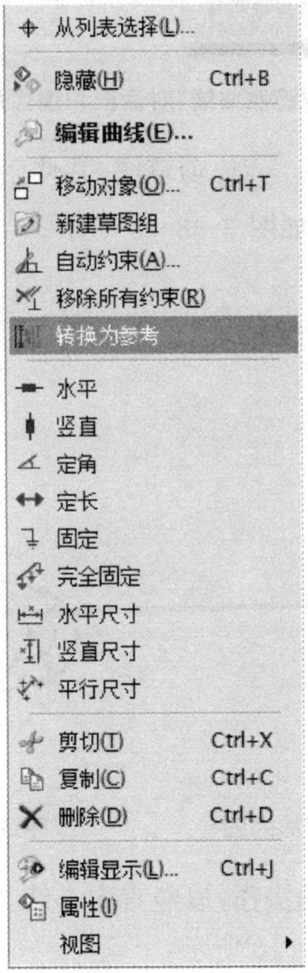

图 3-3-7　“转换参考”快捷菜单

(3) 选择“菜单→插入→来自曲线集的→镜像曲线”命令，打开“镜像曲线对话框。根据系统的要求，先在视图中选择绘制的切线，然后单击鼠标中键，再选择水平的镜像中心线，然后在“镜像曲线”对话框中单击“确定”按钮，生成的切线的镜像效果，如图 3－3－8 所示。

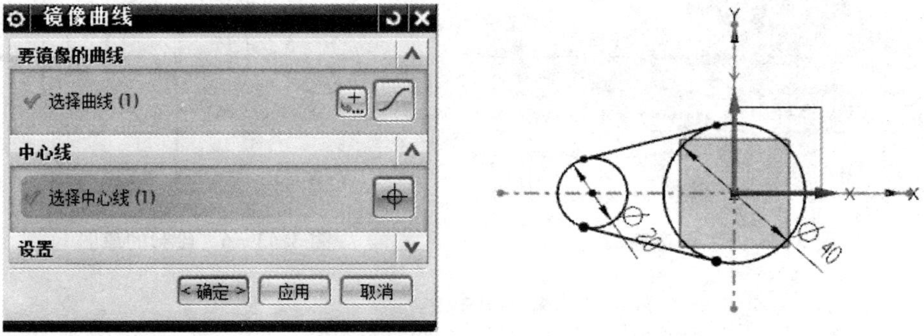

图 3－3－8 “镜像曲线”对话框和镜像后的草图效果

(4) 使用“快速修剪”工具 修剪草图，并使用“圆”工具绘制一个圆。圆心坐标为(－40,0)，直径为 10，如图 3－3－9 所示。

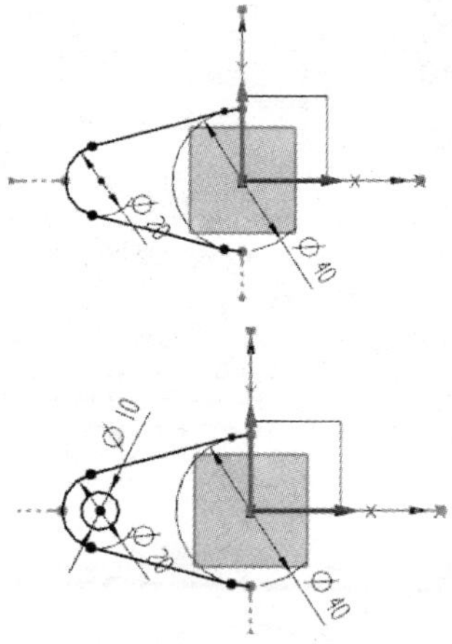

图 3－3－9 修剪后的草图和添加的圆

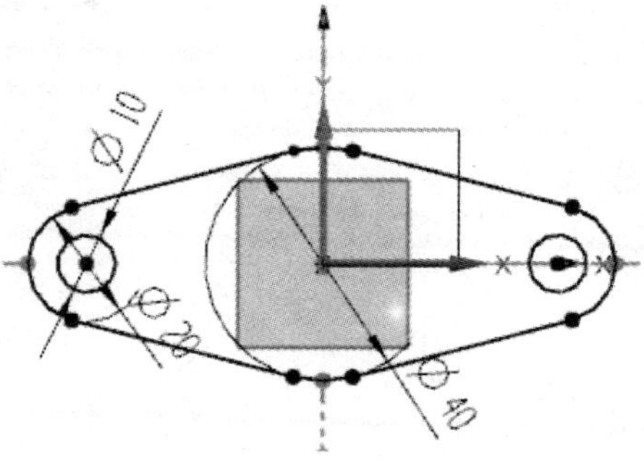

图 3－3－10 镜像后的草图效果

(5) 继续进行镜像曲线的操作，以竖直中心线为镜像中心线，对草图进行镜像，生成镜像效果，如图 3－3－10 所示。

(6) 在工具栏左上角单击“完成草图”按钮 ，回到建模环境中。在“拉伸”

对话框中设置拉伸的距离值为 8 mm，如图 3－3－11 所示。

(7) 在“拉伸”对话框中单击“确定”按钮，生成拉伸效果，如图 3－3－12 所示。

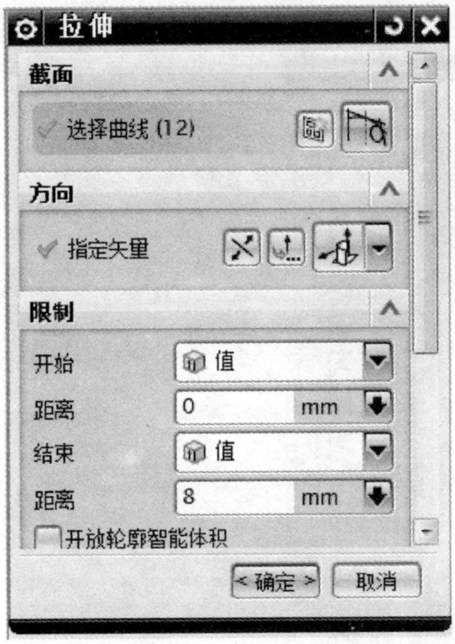

图 3－3－11　“拉伸”对话框和拉伸的预览效果

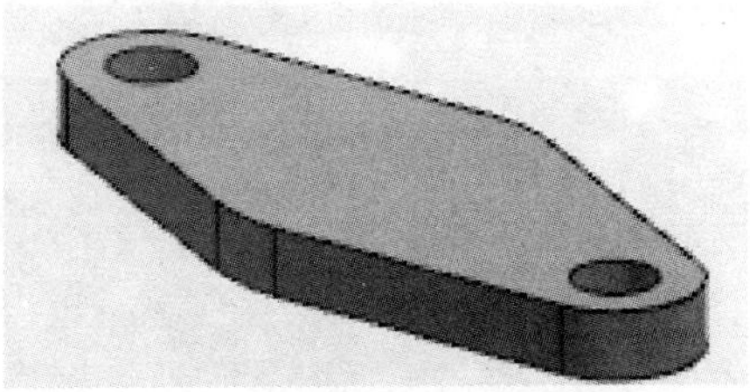

图 3－3－12　生成的拉伸效果

(8) 在“特征”工具栏中单击“拉伸”工具按钮，打开“拉伸”对话框。在截面面板中单击“草图截面”按钮，打开“创建草图”对话框。

(9) 在“创建草图”对话框中单击“确定”按钮，使用现有的 XY 平面为草图平面。使用“圆”工具 ◯ 绘制一个圆，圆心坐标为(0，0)，直径为 40，如图 3－3－13所示。

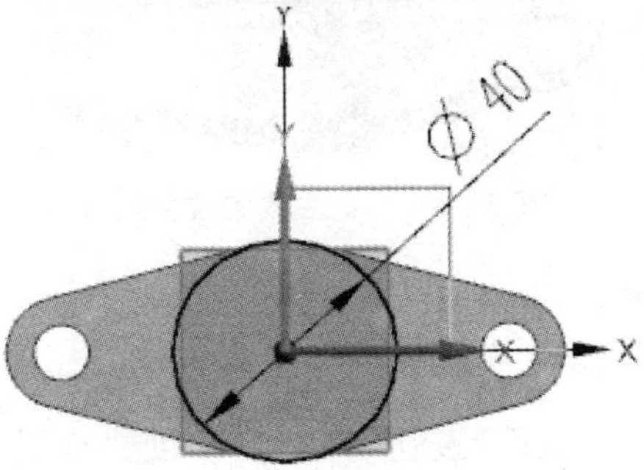

图 3－3－13　绘制的草图

(10) 在“草图”工具栏中单击“完成草图”按钮，回到建模环境中。在“拉伸”对话框中设置拉伸的距离值为 50 mm，并将“布尔”操作的类型设置为“求和”选项，如图 3－3－14 所示。

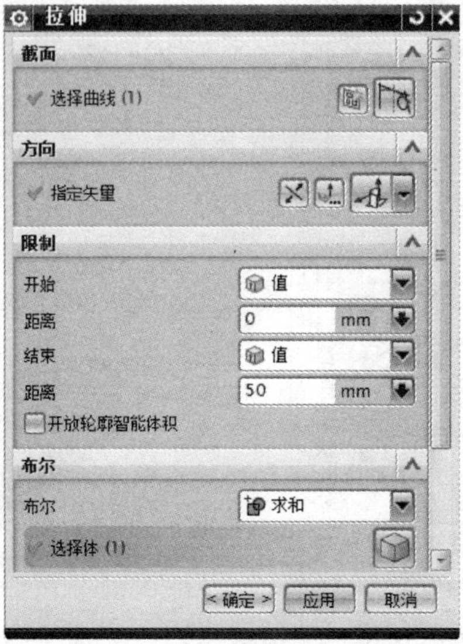

图 3－3－14 “拉伸对话框”

(11) 在“拉伸”对话框中单击“确定”按钮，生成的拉伸效果如图 3－3－15 所示。

图 3－3－15 生成的拉伸效果

3. 创建拉伸特征

(1) 在“特征”工具栏中单击“拉伸”工具按钮，打开“拉伸”对话框。在“截面”面板中单击“草图截面”按钮，打开“创建草图”对话框。使用现有的平面绘制草图。

(2) 在视图中选择 XZ 平面为草图平面，使用“圆”工具 绘制一个圆，圆心坐标为(0,36)，直径为 14，如图 3-3-16 所示。

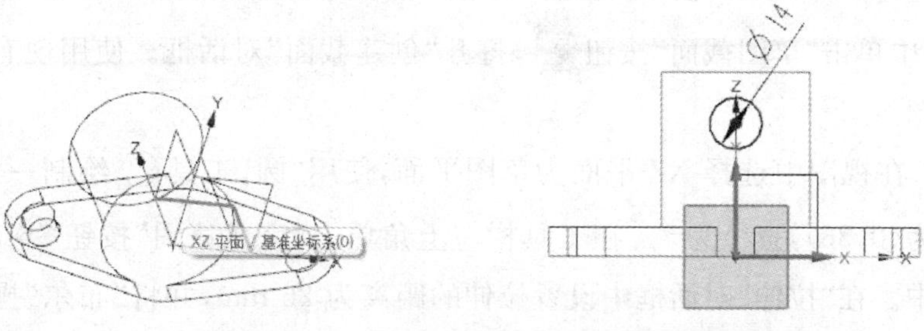

图 3-3-16 选择的平面和绘制的圆

(3) 在工具栏左上角中单击“完成草图”按钮 ，回到建模环境中。在“拉伸”对话框中设置拉伸的距离值为 26 mm，并将“布尔”操作的类型设置为“求和”选项，如图 3-3-17 所示。

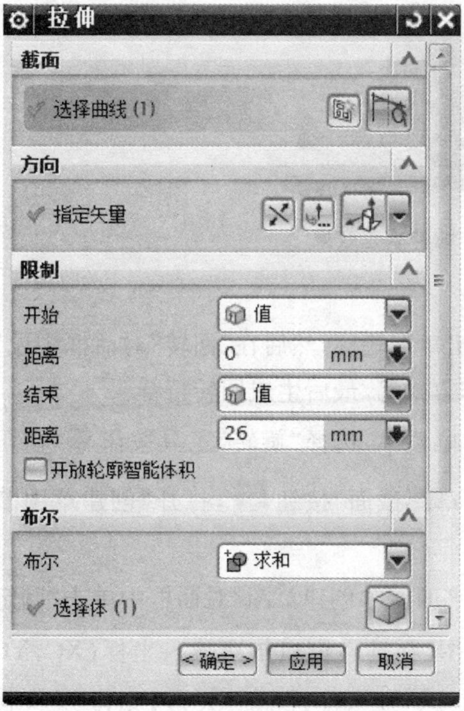

图 3-3-17 “拉伸”对话框

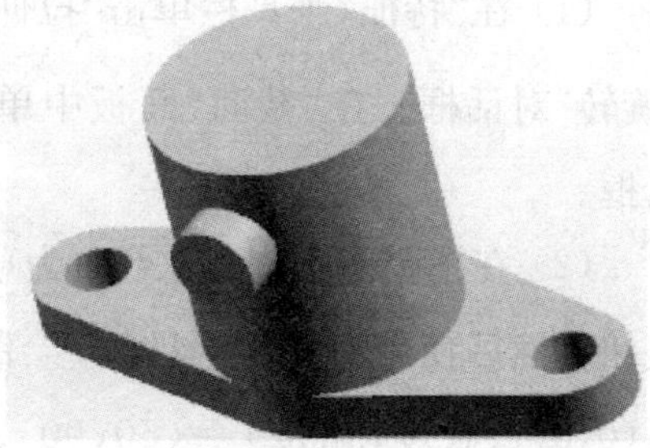

图 3-3-18 生成的拉伸效果

(4) 在“拉伸”对话框中单击“确定”按钮，生成的拉伸效果如图 3－3－18 所示。

在“特征”工具栏中单击“拉伸”工具按钮，打开“拉伸”对话框。在“截面”面板中单击“草图截面”按钮，打开“创建截面”对话框。使用现有的平面绘制草图。

(5) 在视图中选择 XZ 平面为草图平面，使用“圆”工具绘制一个圆，圆心坐标为(0,36)，直径为 7。在工具栏左上角单击“完成草图”按钮，回到建模环境中。在“拉伸”对话框中设置拉伸的距离为 26 mm，并将“布尔”操作的类型设置为“求差”选项。

(6) 在“拉伸”对话框中单击“确定”按钮，生成的拉伸求差效果如图 3－3－19 所示。

图 3－3－19　拉伸求差效果

4．创建回转剪切特征

在制作“回转”特征时，需要先绘制出草图轮廓，然后在“回转”对话框中设置回转角度、回转轴、回转点以及布尔操作方式等，最后生成回转特征。

(1) 在“特征”工具栏单击“拉伸”下拉菜单，选择“旋转”工具按钮，打开“旋转”对话框。在“截面”面板中单击“草图截面”按钮，打开“创建草图”对话框。

(2) 在视图中选择 XZ 平面为草图平面，在“创建草图”对话框中单击“确定”按钮。然后使用“直线”工具绘制草图，在动态窗口依次输入坐标(XC，YC)＝(0,0)、(长度，角度)＝(50,90)、(XC，YC)＝(0,50)、(长度，角度)＝(14,180)、(XC，YC)＝(－14,50)、(长度，角度)＝(26,270)、(XC，YC)＝(－14,24)、

(长度,角度)=(6,0)、(XC,YC)=(−8,24)、(长度,角度)=(24,270)、(XC,YC)=(−8,0)、(长度,角度)=(8,0)然后右击选择“确定”完成草图,如图 3-3-20 所示。

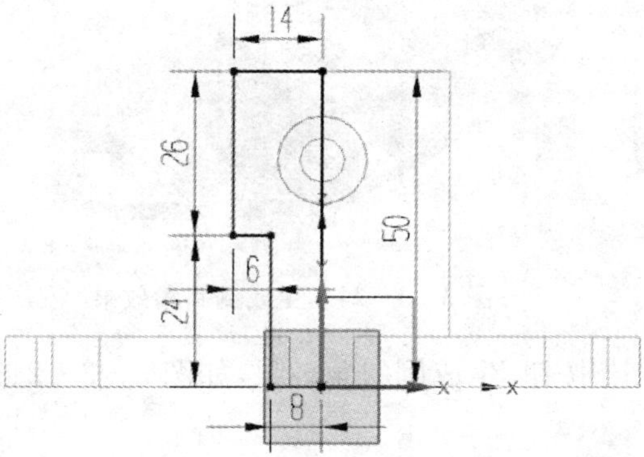

图 3-3-20　绘制的草图

图 3-3-21　“旋转”对话框

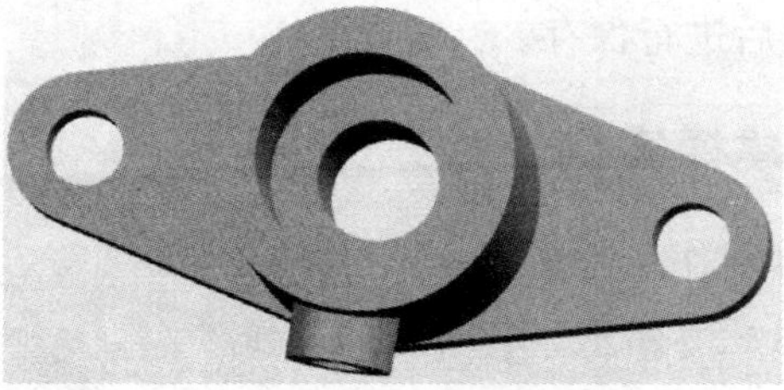

图 3-3-22　回转切除效果

(2) 在工具栏左上角中单击“完成草图”按钮,回到建模环境中。

(3) 在“旋转”对话框中设置回转角度的参数值,在“轴”面板中选择 ZC 轴为回转轴,坐标系原点为指定点。

(4) 在“布尔”面板中将操作类型设置为“求差”选项,系统自动选择模型为需要求差的体，如图 3-3-21 所示。

(5) 在“旋转”对话框中单击“确定”按钮，生成回转切除效果，如图 3-3-22 所示。

5. 创建倒斜角特征

(1) 选择“菜单→插入→细节特征→倒斜角”命令或者直接在特征工具栏中单击“倒斜角”按钮，打开“倒斜角”对话框。在“偏置”面板中设置横截面选项为对称，距离值为 1 mm，然后在模型中选择需要进行倒斜角的边线，如图 3-3-23 所示。

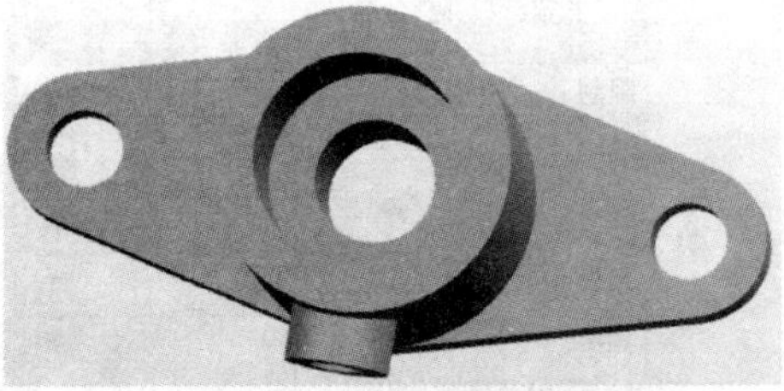

图 3-3-23 倒直角的边线

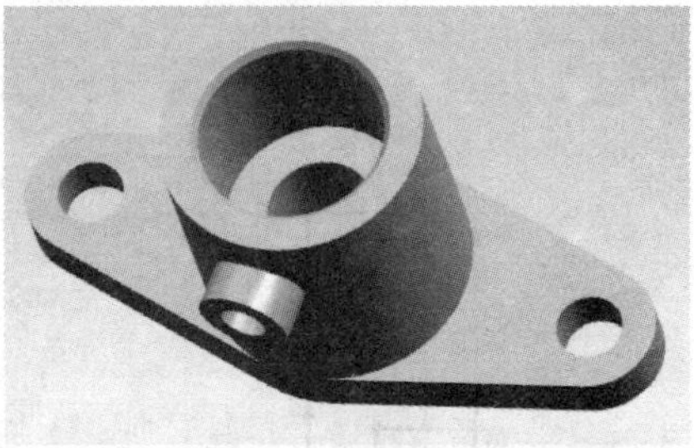

图 3-3-24 生成倒斜角效果

(2) 在“倒斜角”对话框中单击“确定”按钮，生成倒斜角效果，如图 3-3-24 所示。

至此，支座模型制作完成。执行“文件→保存→另存为”命令，打开“部件文件另存为”对话框。找到设置好的工作目录，输入“zhizuo”文件名(注意：文件名中不得出现中文)，然后进行保存。

3.3.4 曲面建模实例

在本例中我们将制作一个灯泡模型，模型的最终效果如图 3-3-25 所示。其具体的操作步骤如下：

1. 新建文件

启动 UG NX 9.0，单击“新建”按钮或者选择“文件→新建”命令，打开“文件新建”对话框。在“新文件名→名称”中输入文件名

图 3-3-25 节能灯泡模型

"dengpao",然后在"新文件名→文件夹"中选择文件存盘的位置,然后单击"确定"按钮,进入模型制作窗口。

2. 创建灯座

(1) 创建圆柱体。执行"菜单→插入→设计特征→圆柱体"命令,或从主页工具栏中单击"更多"下拉按钮,在设计特征里选择"圆柱体"图标,系统弹出如图 3-3-26 所示的"圆柱"对话框。类型选择"轴、直径和高度",在"指定矢量"下拉列表中选择 ZC 轴,单击"指定点"图标,弹出对话框,保持默认的点坐标(0, 0, 0)作为圆柱体的圆心坐标,单击"确定"按钮。设置直径、高度为 62、40。单击"确定"按钮生成圆柱体,如图 3-3-27 所示。

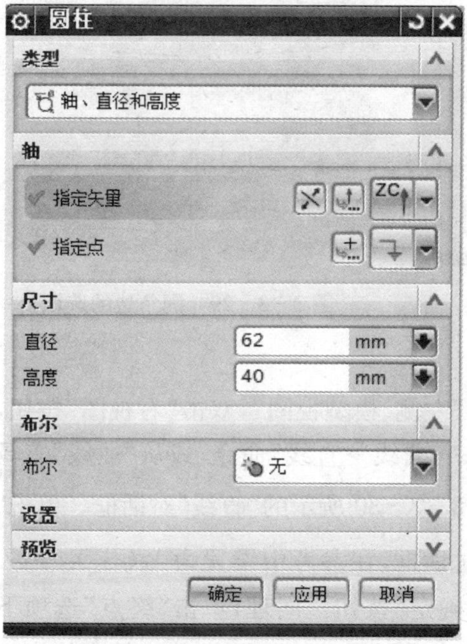

图 3-3-26　"圆柱"对话框

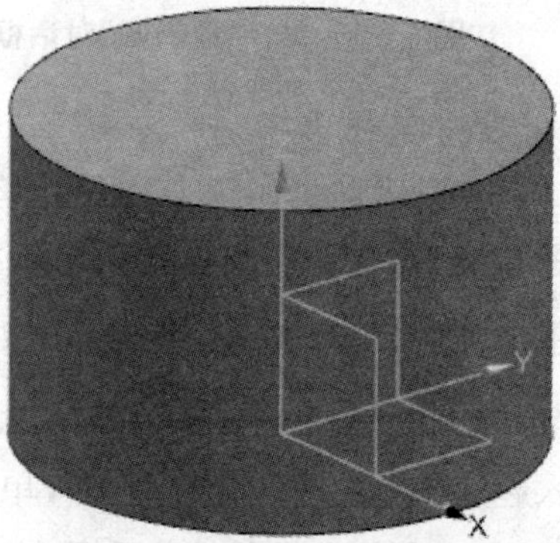

图 3-3-27　生成的圆柱体

(2) 圆柱体倒圆角。执行"菜单→插入→细节特征→边倒圆"命令,或从工具栏中单击"边倒圆"按钮,系统弹出如图 3-3-28 所示的"边倒圆"对话框,选择圆柱上下两条边线,如图 3-3-29 所示,设置倒圆角的半径为 7,单击"确定"按钮。

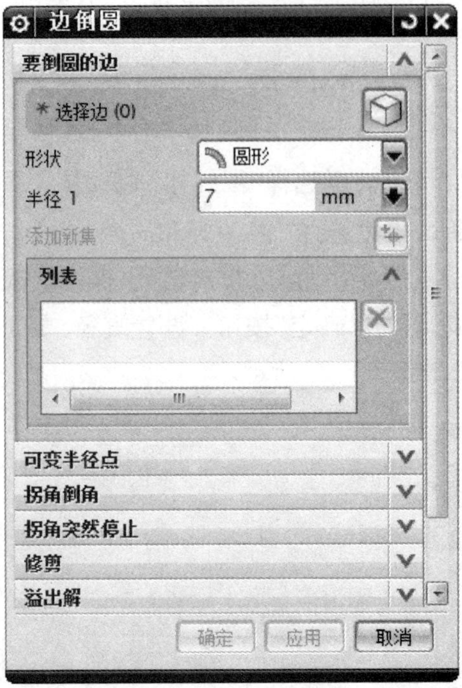

图 3-3-28 “边倒圆”对话框

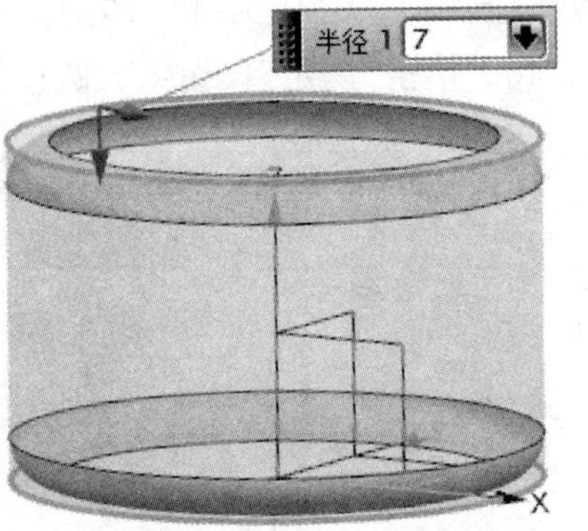

图 3-3-29 圆角边的选取

3. 创建灯管

(1) 创建直线。双击“部件导航器”左侧“模型视图”，双击“右视图”按钮，将视图转换为右视图。执行“菜单→插入→曲线→直线”命令，或从“曲线”工具栏中单击“直线”按钮，系统弹出如图 3-3-30 所示的“直线”对话框。单击“起点”选项下的按钮，系统弹出“点”对话框，在参考中设置为 WCS，X，Y，Z 中输入起点坐标为(13，−13，0)，单击“确定”按钮。同理，单击“终点”选项下的按钮，系统弹出“点”对话框，在参考中设置为 WCS，X，Y，Z 中输入终点坐标为(13，−13，−60)，单击“确定”按钮，在“直线”对话框中单击“确定”按钮生成直线如图 3-3-31 所示。以同样的方法创建另一条直线，输入起点坐标为(13，13，0)，输入终点坐标为(13，13，−60)。

图 3-3-30　“直线”对话框

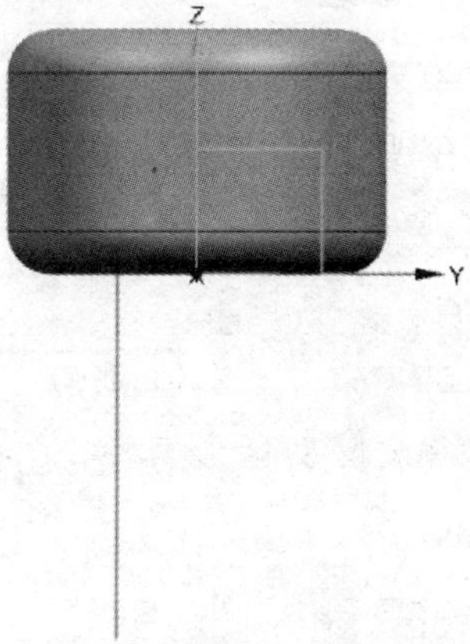

图 3-3-31　生成直线

(2) 创建圆弧。将视图转换为右视图。执行“菜单→插入→曲线→圆弧/圆”命令,或从“曲线”工具栏中单击“圆弧/圆”按钮,系统弹出如图 3-3-32 所示的“圆弧/圆”对话框。类型选择三点画圆弧(保持默认),单击两直线的两个端点作为圆弧的起点和端点,单击中点的 按钮,系统弹出“点”对话框,输入中点坐标为(13,0,－73),点参考设置为 WCS,单击“确定”按钮,在“圆弧/圆”对话框中单击“确定”按钮,生成圆弧如图 3-3-33 所示。

(3) 创建圆。执行“菜单→插入→曲线→基本曲线”命令,或从“曲线”工具栏中单击“更多”下拉按钮,选择”基本曲线”图标,系统弹出“基本曲线”对话框。单击“圆”按钮,在点方法下拉列表中选择,系统弹出“点”对话框,输入中心点坐标为(13,－13,0),点参考设置为 WCS,先单击“确定”按钮,再单击“返回”按钮,在适当处单击鼠标左键,生成圆,然后单击“基本曲线”对话框中“取消”按钮以关闭对话框。选中刚刚生成的圆,然后右击,选择“编辑曲线”,弹出“圆弧/圆(非关联)”对话框,如图 3-3-34 所示。将直径大小修改为 10,单击“确定”按钮,生成圆如图 3-3-35 所示。

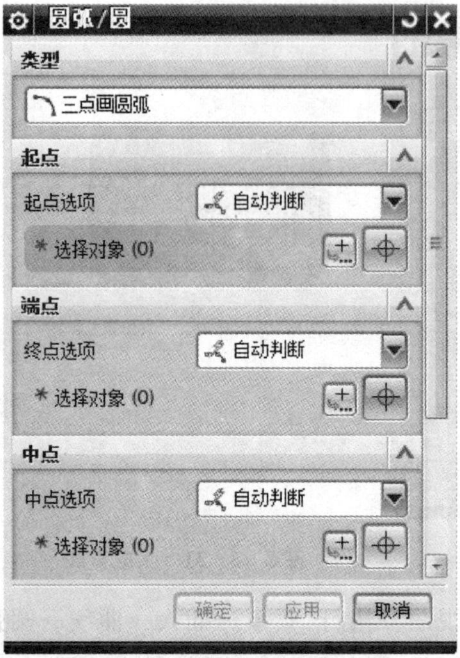

图 3-3-32 “圆弧/圆”对话框

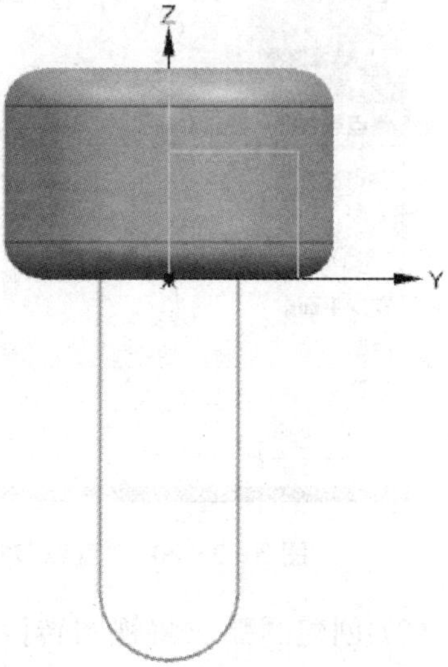

图 3-3-33 创建圆弧

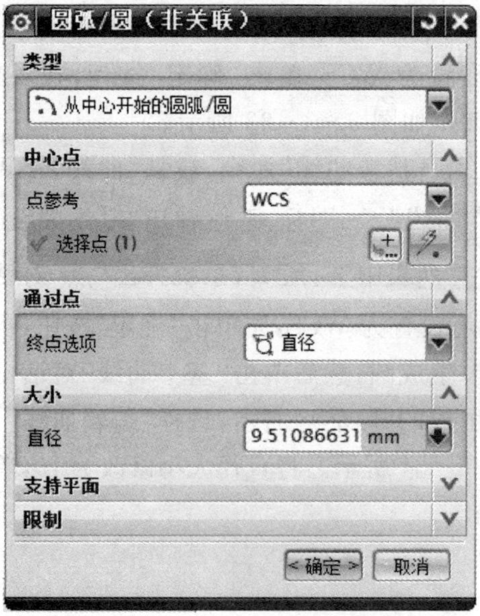

图 3-3-34 “圆弧/圆(非关联)”对话框

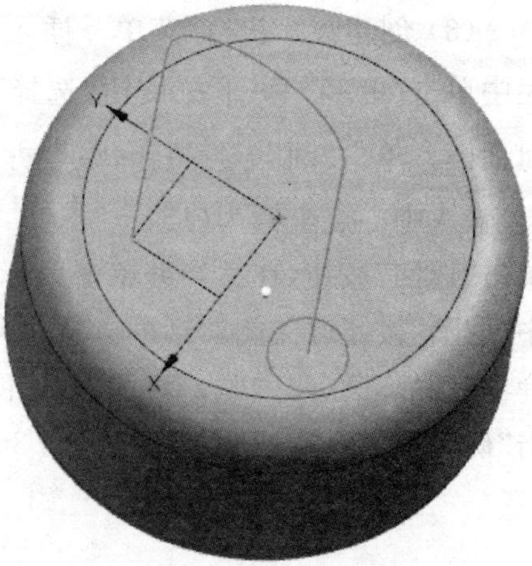

图 3-3-35 创建圆

(4) 扫掠。执行“菜单→插入→扫掠→扫掠”命令，或从“曲面”工具栏中单击“扫掠” 图标，系统弹出如图 3-3-36 所示的“扫掠”对话框。截面选择上面建好的圆如图 3-3-37 所示，然后点击引导线下面的“引导线”，引导线选择创建的直线(自动选择两条直线和一个圆弧)。在“扫掠”对话框中单击“确定”按钮，生成扫掠曲面如图 3-3-38 所示。

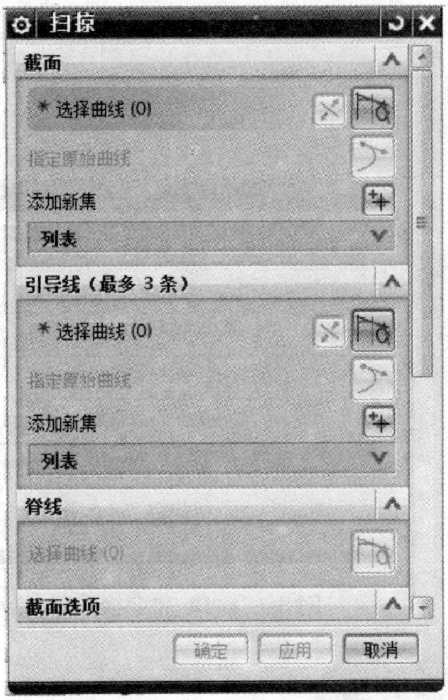

图 3-3-36　“扫掠”对话框

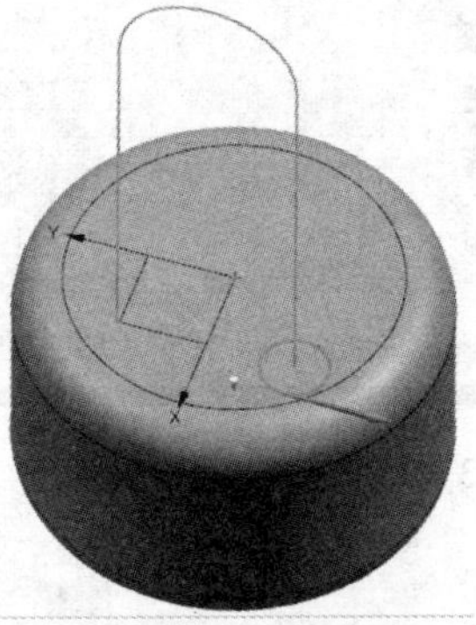

图 3-3-37　截面选择

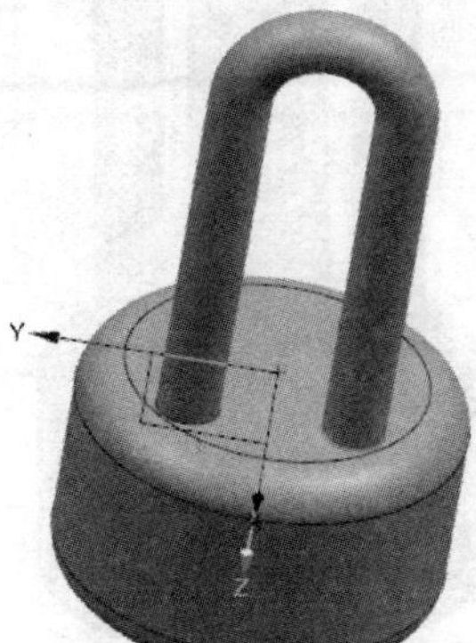

图 3-3-38　灯管

(5) 创建另一个灯管。执行"菜单→编辑→变换"命令，系统弹出"变换"对话框，如图 3-3-39 所示。选择刚刚创建的灯管，然后单击鼠标中键弹出"变换"子对话框，如图 3-3-40 所示，选择"通过一平面镜像"，弹出"平面"对话框，然后选择 YZ 平面，单击"确定"按钮，在弹出的"变换"子对话框中点击复制按钮，单击"取消"按钮，完成灯管的镜像。如图 3-3-41 所示。

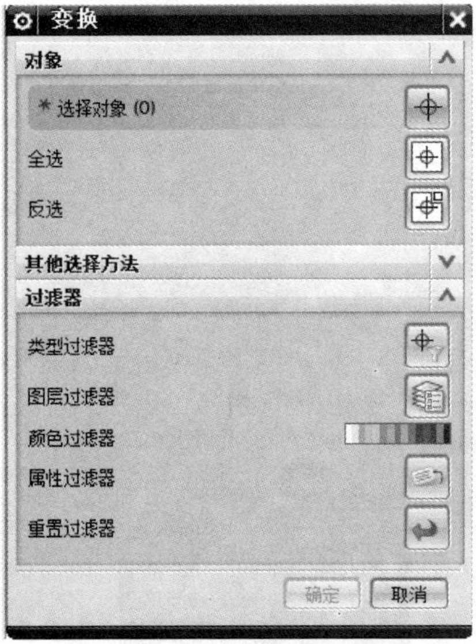

图 3-3-39 "变换"对话框

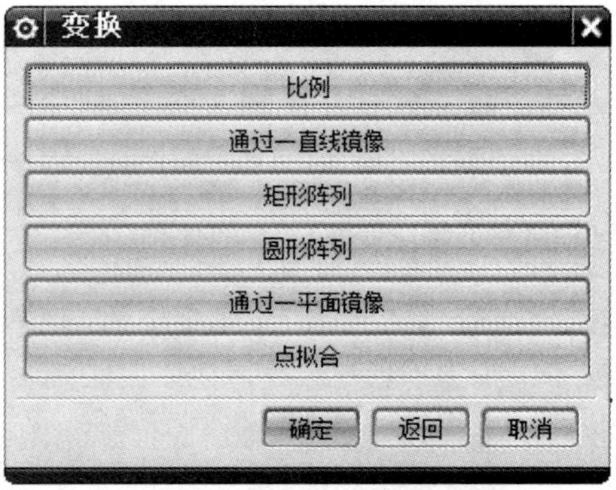

图 3-3-40 "变换"子对话框

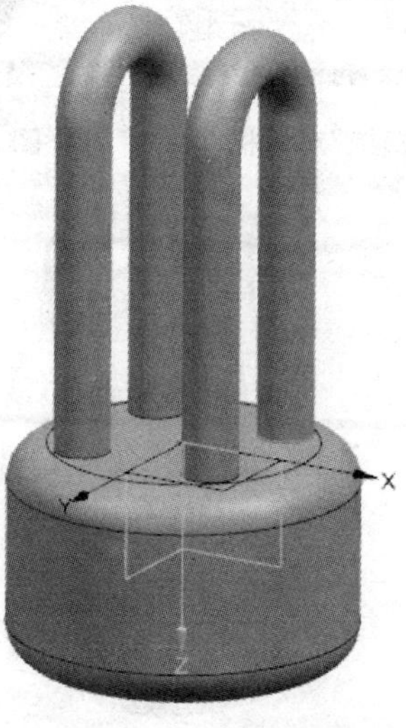

图 3-3-41 灯管镜像

（6）加厚灯管。执行“菜单→插入→偏置/缩放→加厚”命令，系统弹出“加厚”对话框，如图 3-3-42 所示，选择其中一个灯管，设置偏置 1 mm 厚度为 1 mm，单击反向（向内加厚），然后单击“确定”按钮完成一个灯管的加厚。用同样的方法加厚另一个灯管。

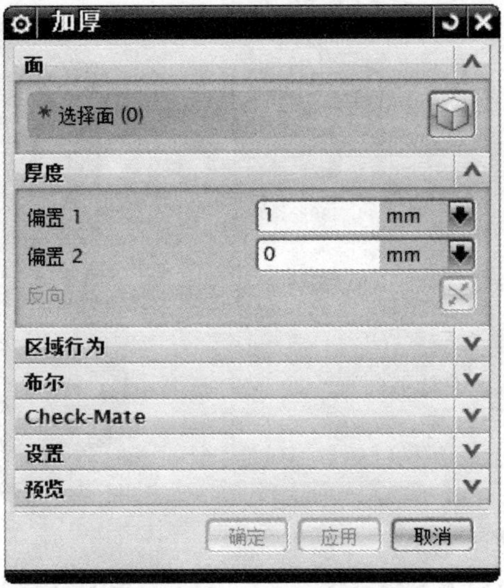

图 3-3-42　“加厚”对话框

4. 创建灯尾

（1）创建圆柱体。执行“菜单→插入→设计特征→圆柱体”命令，或从主页工具栏中单击“更多”下拉按钮，在设计特征里选择“圆柱体”图标，系统弹出“圆柱”对话框。类型选择“轴、直径和高度”，在“指定矢量”下拉列表中选择 ZC 轴，单击“指定点”中的图标，弹出“点”对话框，在 X，Y，Z 中输入点坐标（0，0，40）作为圆柱体的圆心坐标，单击“确定”按钮。设置直径、高度为 38、12，在布尔下拉列表中选择“求和”选项，如图 3-3-43 所示，选择灯座为布尔求和的“选择体”。单击“确定”按钮生成圆柱体，如图 3-3-44 所示。

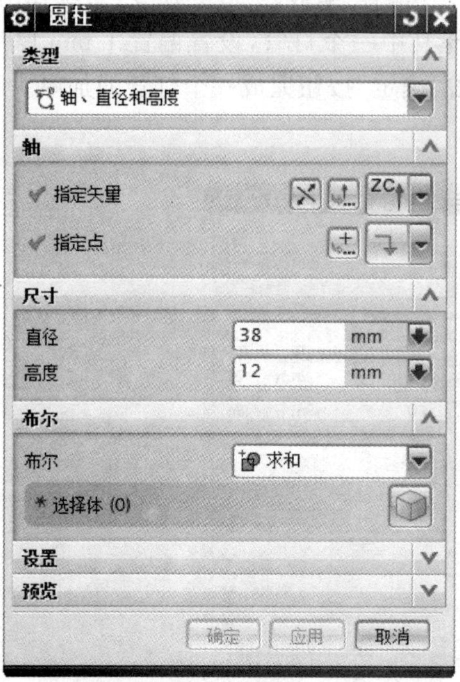

图 3-3-43　圆柱体参数

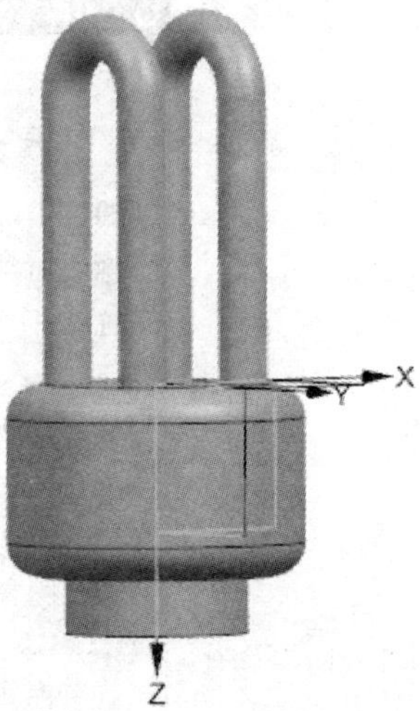

图 3-3-44　生成的圆柱体

(2) 圆柱体倒圆角。执行“菜单→插入→细节特征→边倒圆”命令,或从“特征操作”工具栏中单击“边倒圆”图标,系统弹出“边倒圆”对话框,选择刚刚创建的图 3-3-44 所示灯尾边线,倒圆角半径设置为 5,单击“确定”按钮生成如图 3-3-45 所示的节能灯泡模型。

图 3-3-45　节能灯泡模型

3.3.5　UG 模型在 3D 打印机上的实现(以支座为例)

1. STL 文件的生成

(1) 执行“文件→导出→STL”命令,跳出“快速成型”对话框,根据需要,在对话框中输入三角公差及相邻公差参数,如图 3-3-46 所示,然后点击“确定”按钮,选择文件位置和输入文件名,然后点击“OK”,跳出对话框后单击“确定”,出现如图 3-3-47 所示的类选择对话框。

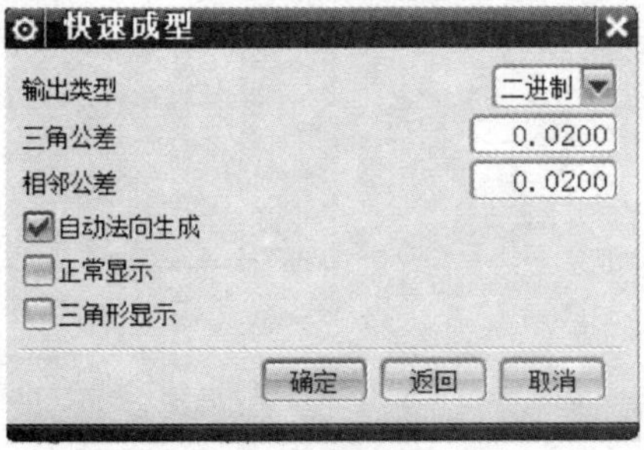

图 3-3-46　“快速成型”对话框

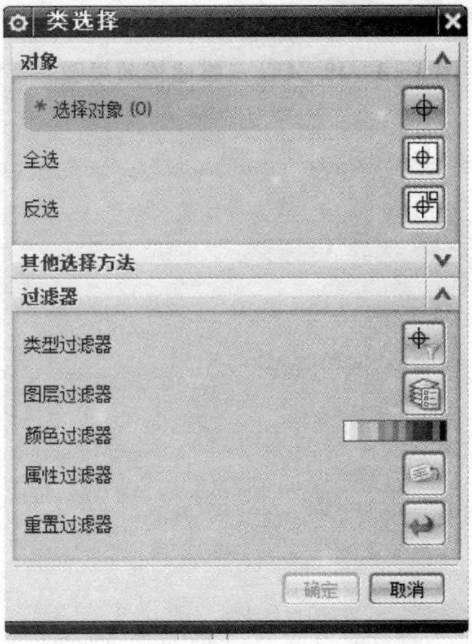

图 3-3-47　“类选择”对话框

(2) 在“类选择”对话框中,用鼠标单击“zhizuo”模型,选中对象,然后执行“确定→确定”命令,至此,STL 文件已经成功生成。

2. 将模型输入到 3D 打印机

具体操作步骤参见 2.1.5 中“3DS MAX 模型在 3D 打印机上的实现”部分。图示为 UG 三维建模效果图(图 3-3-48)与 3D 打印成品图(图 3-3-49)的对比。

图 3-3-48　UG三维建模效果图

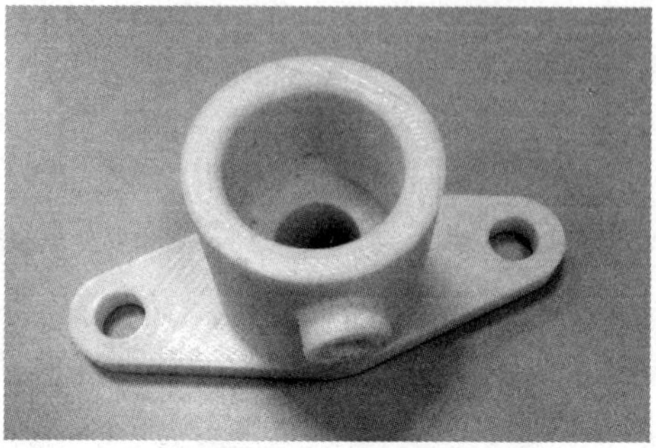

图 3-3-49　3D打印成品图

第4章 3D打印常用的通用设计方法与软件

前述几章介绍的3D打印常用的设计软件均属于专用CAD设计软件，对于不具备专业背景和知识的初学者而言都相对困难。本章重点介绍目前较为常用的针对初学者的3D打印领域通用设计软件。

通用设计是指对于产品的设计和环境的考虑是尽最大可能面向所有的使用者的一种创造设计活动。通用设计又名全民设计、全方位设计或是通用化设计，系指无需改良或特别设计就能为所有人使用的产品、环境及通讯。通用设计的核心思想是把所有人都看成是程度不同的能力障碍者，即人的能力是有限的，人们具有的能力不同，在不同环境具有的能力也不同。

通用设计的演进始于1950年代，当时人们开始注意残障问题。在日本、欧洲及美国，“无障碍空间设计”(barrier-free design)为身体障碍者除去了存在环境中的各种障碍。在1970年代时，欧洲及美国一开始是采用“广泛设计”(accessible design)，针对在不良于行的人士在生活环境上之需求，并不是针对产品。当时一位美国建筑师麦可·贝奈(Michael Bednar)提出：撤除了环境中的障碍后，每个人的官能都可获得提升。他认为建立一个超越广泛设计且更广泛、全面的新观念是必要的。也就是说广泛设计一词并无法完整说明他们的理念。

1987年，美国设计师，朗·麦斯(Ron Mace)开始大量的使用“通用设计”一词，并设法定义它与“广泛设计”的关系。他表示，“通用设计”不是一项新的学科或风格，或是有何独到之处。它需要的只是对需求及市场的认知，以及以清楚易懂的方法，让我们设计及生产的每件物品都能在最大的程度上被每个人使用。他并说“通用”(universal)一词并不理想，更准确地说，“全民设计”是一种设计方向，设计师努力在每项设计中加入各种特点，让它们能被更多人使用。在1990

年中期，朗·麦斯与一群设计师为"全民设计"订定了七项原则。

原则一：公平地使用 Equitable Use

对具有不同能力的人，产品的设计应该是可以让所有人都公平使用的。(The design is useful and marketable to people with diverse abilities.)

原则二：可以灵活地使用 Flexibility in Use

设计要迎合广泛的个人喜好和能力。(The design accommodates a wide range of individual preferences and abilities.)

原则三：简单而直观 Simple and Intuitive Use

设计出来的使用方法是容易理解明白的，而不会受使用者的经验，知识，语言能力及当前的集中程度所影响。(Use of the design is easy to understand, regardless of the user's experience, knowledge, language skills, or current concentration level.)

原则四：能感觉到的信息 Perceptible Information

无论四周的情况或使用者是否有感官上的缺陷，都应该把必要的信息传递给使用者。(The design communicates necessary information effectively to the user, regardless of ambient conditions or the user's sensory abilities.)

原则五：容错能力 Tolerance for Error

设计应该可以让误操作或意外动作所造成的反面结果或危险的影响减到最少。(The design minimizes hazards and the adverse consequences of accidental or unintended actions.)

原则六：尽可能的减少体力上的付出 Low Physical Effort

设计应该尽可能的让使用者有效地和舒适地使用，而丝毫不费他们的气力。(The design can be used efficiently and comfortably and with a minimum of fatigue.)

原则七：提供足够的空间和尺寸，使使用者能够接近使用 Size and Space for Approach and Use

提供适当的大小和空间，让使用者接近、够到、操作，并且不受其身型、姿势或行动障碍的影响。(Appropriate size and space is provided for approach, reach, manipulation, and use regardless of user's body size, posture, or mobility.)

三项附则：

1. 可长久使用，具经济性

2. 品质优良且美观

3. 对人体及环境无害

Sketchup、Autodesk123D - 123D Design、Autodesk123D - Tinkercad 三款软件的设计理念与通用设计的理念十分贴合，它们旨在用很少的专业知识就可利用软件设计出令自己满意的产品。

4.1 Sketchup 软件

4.1.1 Sketchup 简介及特点

Sketchup 是一套直接面向设计方案创作过程的设计软件，其创作过程不仅能够充分表达设计师的思想而且可以完全满足与客户即时交流的需要，它使得设计师可以直接在电脑上进行十分直观的构思，是三维建筑设计方案创作的优秀工具。官方网站将它比喻作电子设计中的“铅笔”，人人都可以快速上手，简单来讲，它就是一个 3D 设计软件。在 Sketchup 中建立三维模型就像我们使用铅笔在图纸上作图一般，Sketchup 本身能自动识别这些线条，并加以自动捕捉。它的建模流程简单明了，就是画线成面，而后挤压成型，这也是建筑建模最常用的方法。

Sketchup 的界面独特简洁，可以让设计师短期内掌握；适用范围广阔，可以应用在建筑，规划，园林，景观，室内以及工业设计等领域；方便的推拉功能，设计师通过一个图形就可以方便的生成 3D 几何体，无需进行复杂的三维建模；快速生成任何位置的剖面，使设计者清楚的了解建筑的内部结构。现在设计师们已经将 Sketchup 及其组件资源广泛应用于室内、室外、建筑等多领域中。

Sketchup 是一款上手很快的软件，无论是对于初次接触建模软件的新手还是对于建模高手它都是大有裨益的，初学者可拿它作为入门软件，而精通软件建模的高手可以把他作为一种建模的“草稿”来完成自己的创意构思。软件本身简洁的特点，可以让建模人员将更多的精力放在设计上，而非软件的复杂命令上。

本节将向大家简单介绍有关 Sketchup 设计软件的一些简单操作命令，并介绍其在通用设计中的使用。以供大家对 Sketchup 有一个初步的认识，并对其在 3D 打印中的使用有一个准确的定位。

4.1.2 Sketchup 工作界面

图 4－1－1 Sketchup 工作界面

1. 菜单栏

包含了一些基本的文件操作命令和绘图编辑命令。

2. 工具栏

包含了选择,线条,矩形,圆,圆弧,制作组件,擦除,卷尺工具,颜料桶,推\拉,移动,旋转,偏移,环绕观察,平移,缩放,缩放范围,添加位置,切换地形,添加新建筑物,照片纹理,在 google 地球中预览模型,获取模型,分享模型,分享组件共 25 个常用工具的快捷菜单。

3. 绘图区

用户与图形的交互界面。

4. 状态信息栏

包含图形的一些状态信息和用户的操作信息。

4.1.3 通用设计实例

如表 4－1－1 所示为采光亭建模的目标模型及参数。

表 4-1-1　目标模型及参数

目标模型	参　数
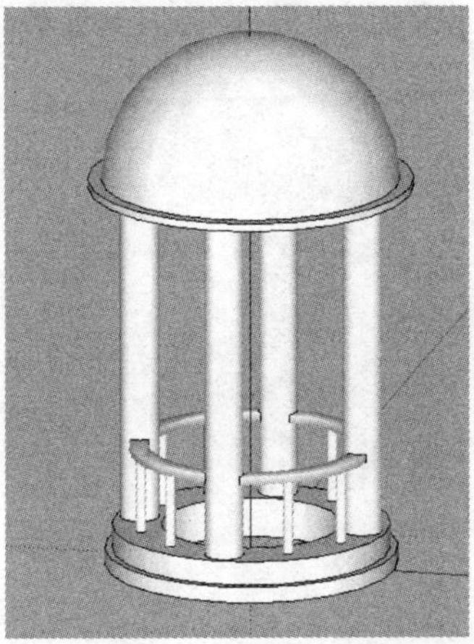	底座：俯视同心圆 $R_1=0.9$，$R_2=0.55$，高 $H_1=0.1$，$H_2=0.15$。 支柱：$R=0.2$，$H=2.2$，均布于底座上，数量 4。 围栏：$R=0.02$，$H=1.5$，均布于底座上，数量 8。 围腰：俯视同心圆 $R_1=0.72$，$R_2=0.6$，高 $H=0.15$，平滑处理。 顶帽：$SR_1=1$，$SR_2=0.75$ 布尔相减运算。 顶帽延：俯视同心圆 $R_1=1.1$，$R_2=0.55$，高 $H=0.05$。 （单位：m）

1. 创建采光亭底座

打开 Sketchup 软件，进入选择模板命令，这里我们选择“简单模板——米”点击右下角 开始使用 SketchUp 图标，进入软件默认工作界面。删除“参考人”选择菜单栏里的“镜头”，如图 4-1-2 所示修改视图格式。

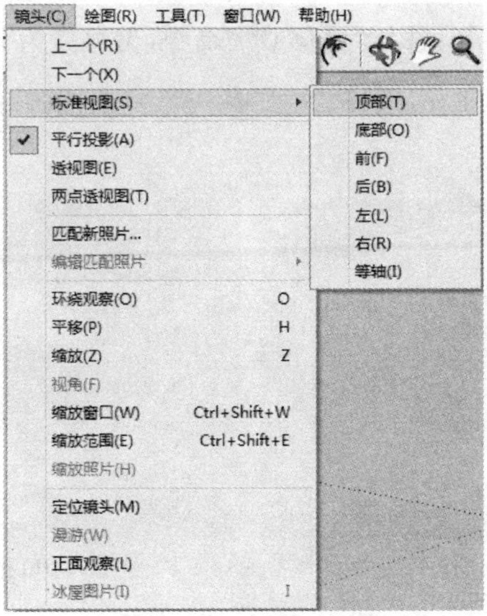

图 4-1-2　改变视图格式

选择工具栏中“圆 ”命令，在“TOP”视图坐标圆心处（圆心可以自动锁定）绘制两个同心圆半径分别为 0.9 m 和 0.55 m，将鼠标移至小圆的平面上（此时圆的平面上会出现密布黑点）并右键删除小圆内部平面，如图 4-1-3 所示。

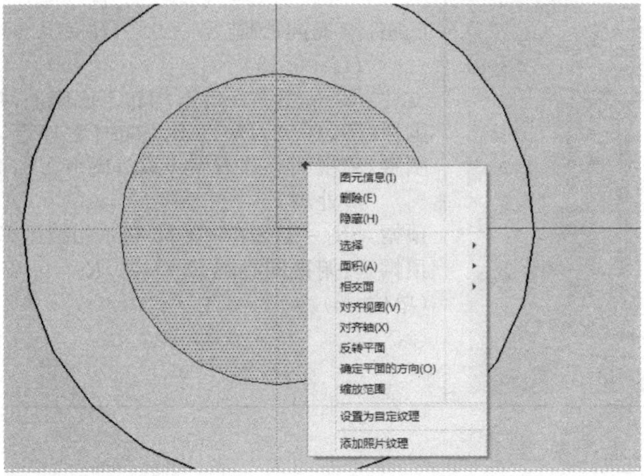

图 4-1-3　绘制同心圆

将视图切换至等轴视图（点击菜单栏上的“镜头”命令选择视图下的等轴视图即可），点选圆环区域，点选“推拉 ”命令，对圆环区域进行拉伸 0.1 m 的高度如图 4-1-4(a)所示。选择“偏移 ”命令（偏移量为 0.35 m）并对内圆轮廓进行复制放大到 R=0.8 m，选择“推拉 ”命令，对内圆环拉伸 0.15 m 的高度，如图 4-1-4(b)所示。

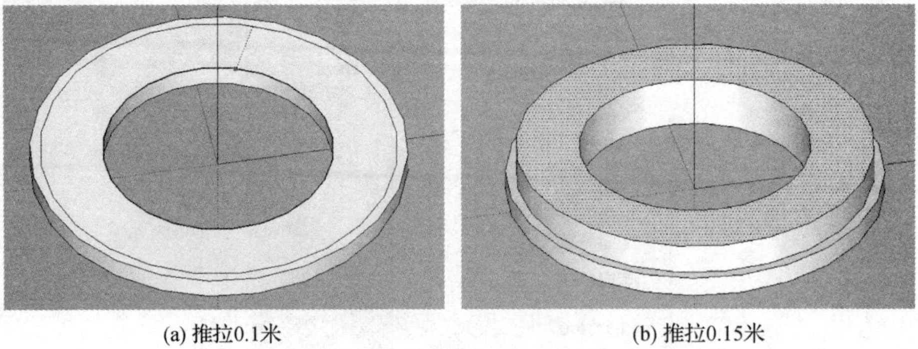

(a) 推拉0.1米　　(b) 推拉0.15米

图 4-1-4　推拉圆环

选择全部物体并点击鼠标右键选择“创建组”命令如图 4-1-5(a)所示，物体外部显示蓝色方框如图 4-1-5(b)所示。

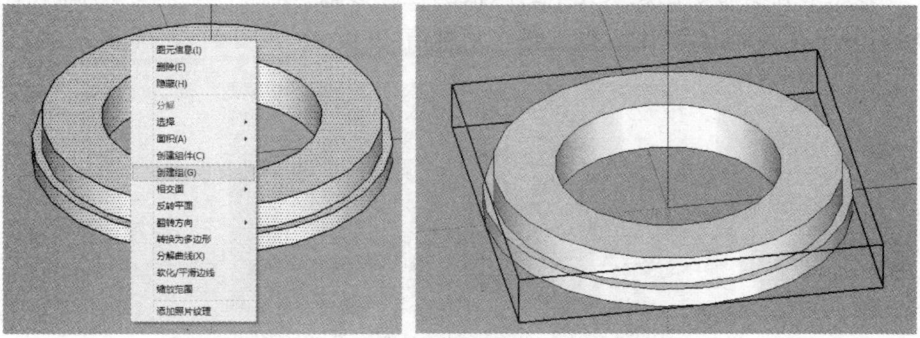

(a) 创建组　　(b) 成组

图 4-1-5　创建组

2. 创建采光亭四周支柱

选择“圆”命令并在坐标圆心“推拉”一个高度为 2.20 m 的圆柱(直径为 0.2 米)，并对其进行“创建组”操作，作为采光亭的四根支柱。点击“移动 ” 将支柱移至图中位置(第二次推拉圆环的区域中)如图 4-1-6(a)所示。点击“旋转 ”命令，将旋转中心定位在坐标圆心处点击 Ctrl 键复制出四根支柱(复制时软件支持拖动复制，且支持角度输入)如图 4-1-6(b)所示。

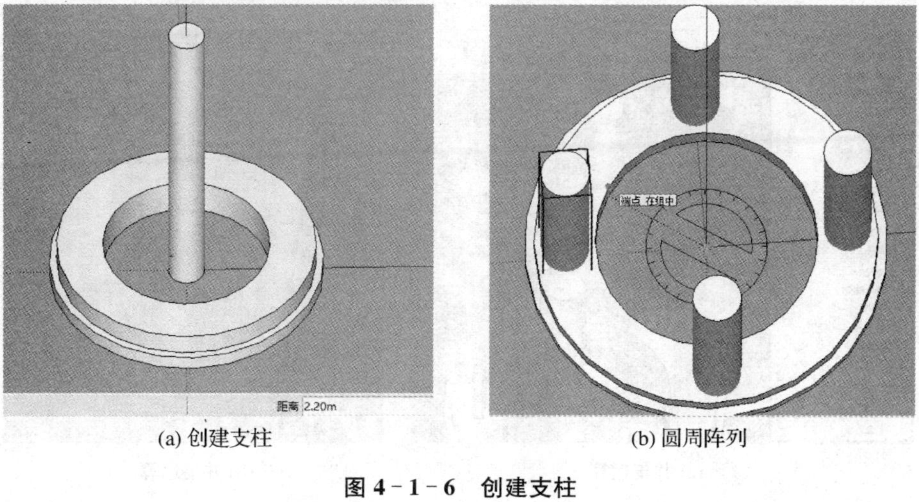

(a) 创建支柱　　(b) 圆周阵列

图 4-1-6　创建支柱

3. 创建采光亭四周围栏和围腰

(1) 创建采光亭围栏

参照第五步命令创建采光亭的八根围栏。参数:半径 $r=0.02$ m,高 1.5 m(均匀分布在圆周上,在输入框内输入角度值 30 度)。如图 4-1-7 所示。

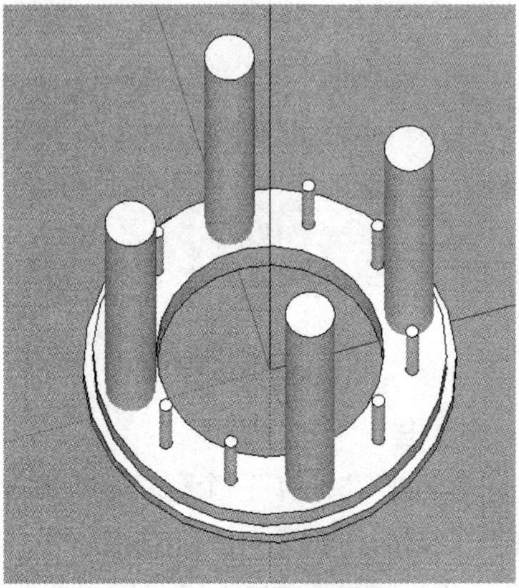

图 4-1-7 创建围栏

选择所有围栏,运用"实体工具"对围栏进行"并集"运算,如图 4-1-8(a)。依次选择支柱,底座完成所有物体的"并集"运算,操作如图 4-1-8(b)所示。

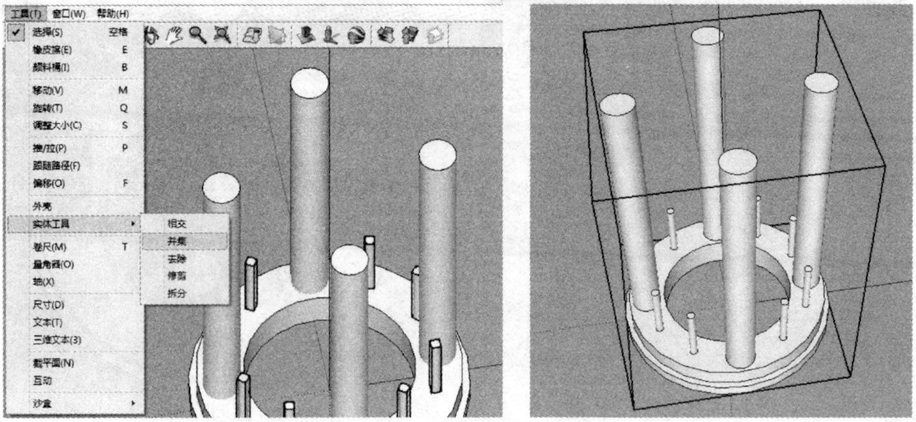

(a) 并集运算　　(b) 并集运算

图 4-1-8 并集运算

(2) 创建采光亭围腰

创建采光亭的“围腰”，绘制如图所示同心圆环(可先在坐标圆心绘制后移动，也可用偏移命令实现同心圆的绘制)，并对其拉伸，创建组命令，如图 4－1－9(a)所示。(参数:内圆半径 0.6 m，外圆半径 0.72 m，拉伸高度 0.15 m。)并将其移动到图示位置，如图 4－1－9(b)所示。并对其进行“柔化/平滑边线”处理。如图 4－1－9(c)所示。

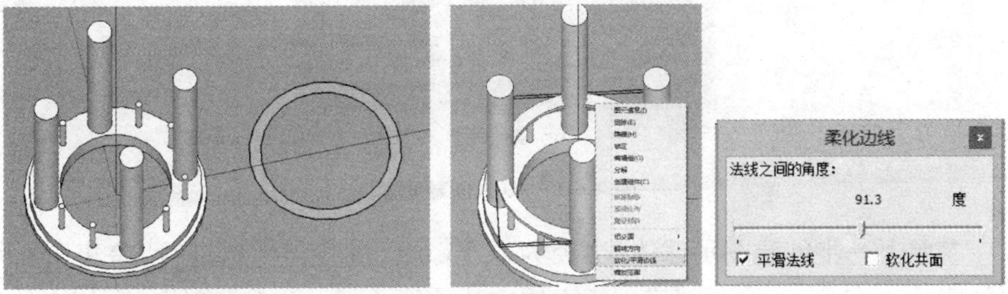

(a) 创建围腰　　(b) 称动围腰位置　　(c) 柔化边线

图 4－1－9　创建围腰

4. 创建采光亭的顶帽

创建采光亭“顶帽”。绘制如图 4－1－10(a)所示正交圆(另一个圆可在正交左视图中绘制)(半径为 1 m)，并删除地面圆的平面，运用“跟随路径”命令绘制顶帽半球，如图 4－1－10(b)所示。并对其进行“成组”操作，如图 4－1－10(c)所示。

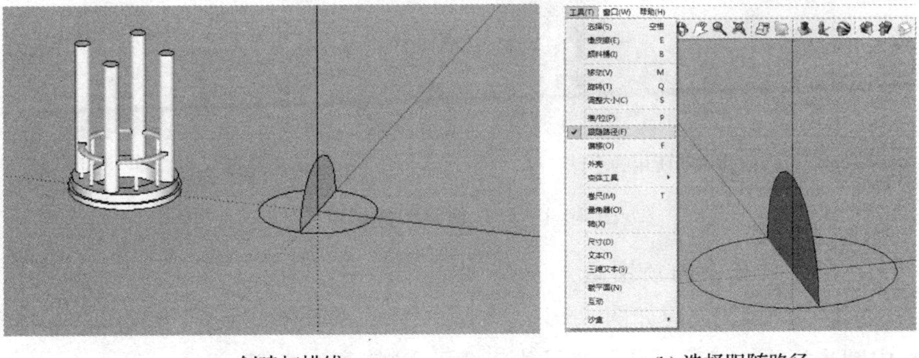

(a) 创建扫描线　　(b) 选择跟随路径

图 4－1－10(续)

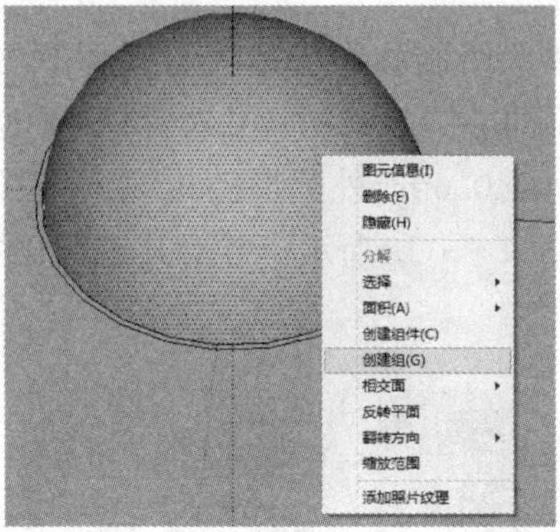

(c) 创建组

图 4-1-10　创建顶帽

参照上一步创建图示球体(半径为 0.75 m),将其与半球进行“差集”命令,得如图示 4-1-11(a)。创建一长方体实体将图 4-1-11(a)实体球利用实体工具减去下半部分得如图 4-1-11(b)所示实体球壳(注意所有球体应进行“成组”后才可用“实体工具”操作)。

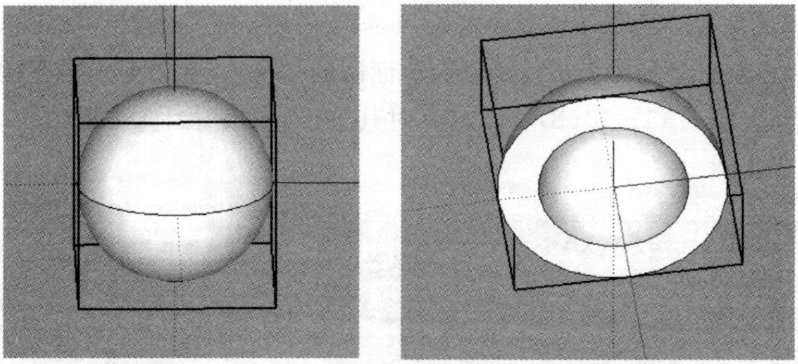

(a) 创建差集所用的小球　　(b) 实体半球壳

图 4-1-11　创建实体半球壳

5. 创建采光亭的顶帽延

创建“顶帽延”创建如图 4-1-12 所示圆环,并进行“推拉”操作、成组。(参数:内圆半径为 0.55 m,外圆半径为 1.1 m,拉伸高度 0.05 m。)

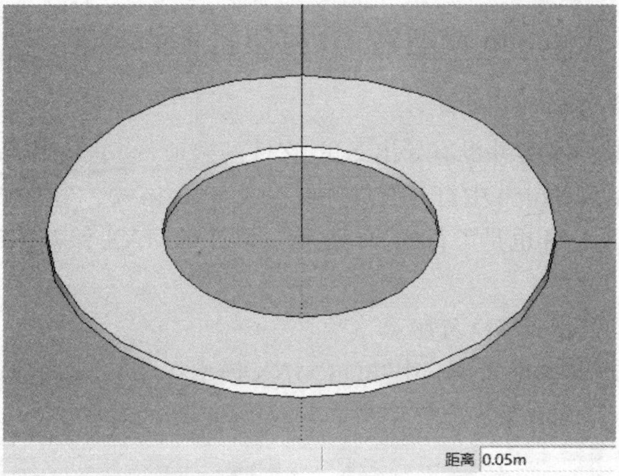

图 4-1-12　顶帽延

6. 合并模型

将"顶帽","顶帽延"移动至图 4-1-13 示位置,点击"工具"菜单下的"实体工具—并集"命令对所有部件完成"实体工具—并集"命令。完成图示采光亭的建模。

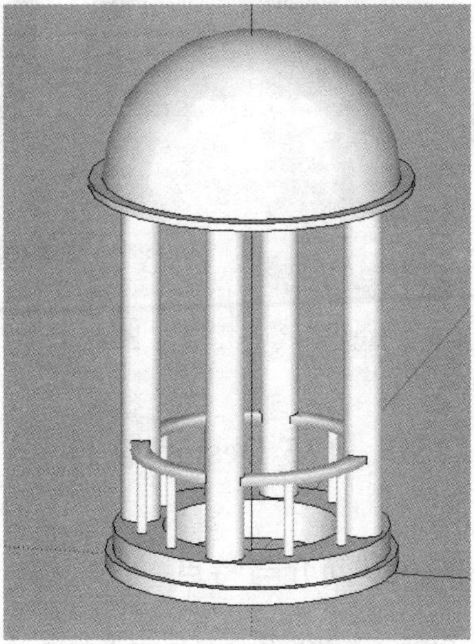

图 4-1-13　采光亭模型

4.1.4 Sketchup 模型在 3D 打印机上的实现

1. STL 文件的导出

Skethup 软件本身并没有导出 STL 文件的选项，这里采用插件来实现 STL 文件的导出，在 Meshlab 中打开文件并保存成 STL 格式。当然保存成 3ds 文件后用 3DS MAX 打开也是可行的。（见第二章 3DS MAX 保存 STL 文件的具体操作）

2. 将模型输出到 3D 打印机

具体操作步骤参见 2.1.5 中"3DS MAX 模型在 3D 打印机上的实现"部分。

以下为 Sketchup 采光亭模型与 3D 打印成品图的对比。

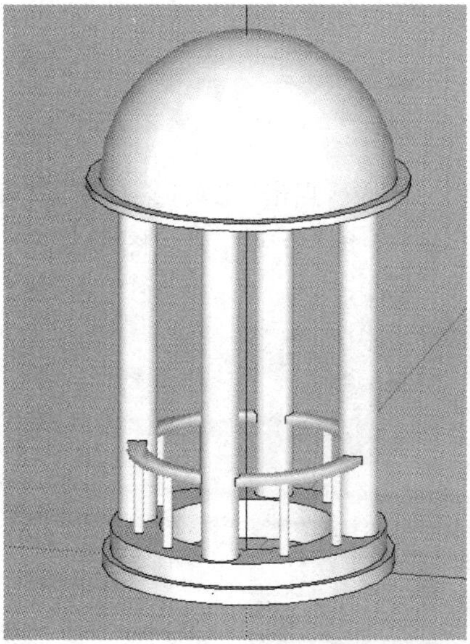

图 4-1-14 采光亭模型

图 4-1-15 采光亭实物图

4.2 Autodesk 123D - 123 Design 软件

4.2.1 123D Design 简介与特点

美国 Autodesk 公司是开发并销售广泛应用于制造及建筑行业的 AutoCAD 等专业 CAD 软件的企业，123D Design 正是该公司于 2011 年面向个人爱好者发布的 3D CAD 软件。该软件在发布过测试版后，于 2012 年 10 月命名为 Autodesk 123D - 123D Design 正式发布。

123D Design 是一款免费的 3D CAD 工具，用户可以使用一些简单的图形来设计、创建、编辑三维模型，或者在一个已有的模型上进行修改。它打破了常规专业 CAD 软件从草图生成三维模型的建模方法，提供了一些简单的三维图形，通过对这些简单图形的堆砌和编辑生成复杂形状。这种“傻瓜式”的建模方式感觉像是在搭积木，即使你不是一个 CAD 建模工程师，也能随心所欲地在 123D Design 里建模。具体来说，该软件具有如下特点：

功能简便。相比用于高端机械设计的 3D CAD 软件来说，123D Design 当然没有那么丰富的功能，但专业 CAD 软件也因功能强大而操作复杂，对于入门者来说难以驾驭。而 123D Design 的功能比较精炼。

设计了丰富的图标。123D Design 虽然只提供了英文版，但并没有使用常见的菜单模式，而是使用了丰富的图标来表示命令。而且所用的操作指令非常精炼，即使是初学者用户也能熟练掌握。

可以使用 3D 打印机输出。123D Design 支持 3D 打印机打印时所用的 STL 文件格式。它还提供了连接 Autodesk 公司云服务的功能，可以通过这个云服务将想要打印的数据交给 shapways 或 sculpteo 等向全球提供 3D 打印成型服务的公司。借助这些服务，即使没有自己的打印机，也可以在线将自己完成的数据交给打印公司，然后由打印公司将打印好的成品邮寄到自己的手上，这也是非常方便的。

可以用于激光切割。123D Design 还准备了比 3D 打印更容易实现实物的制作方法，这就是激光切割输出选项。使用这个选项可以根据 123D Design 建模完成的立体形态输出用于激光切割的剪切图样，把这个图样印在瓦楞纸或木板上，使用激光切割后再简单组合就可以制作出立体形态。

4.2.2　123D Design 工作界面

123D Design 的工作界面如图 4 - 2 - 1 所示，和大部分软件相比，123D Design 的用户界面要简洁得多。

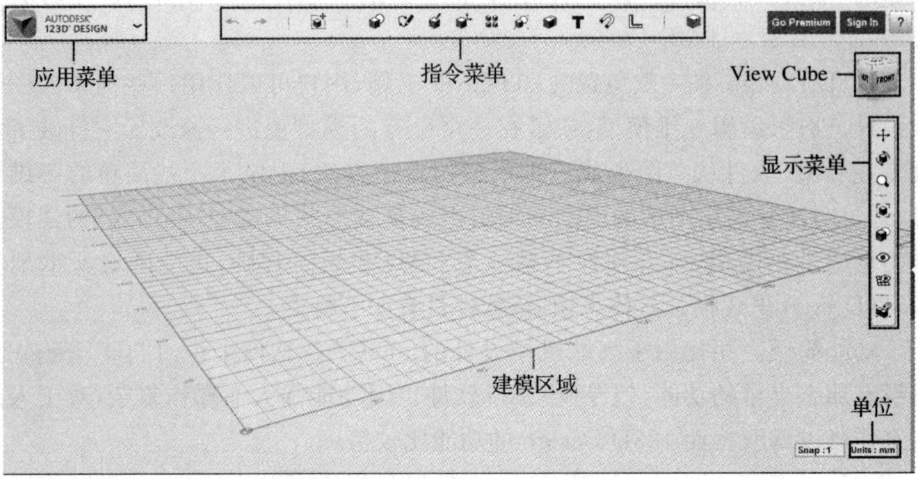

图 4-2-1 123D Design 的用户界面

1. 应用菜单

保存文件、输出 STL 文件等操作文件的指令集合。但如果要将文件保存至云端则需要事先通过画面右上角的[Sign in]链接在云端登陆。

2. 建模区域

实际制作模型的区域。

3. 指令菜单

用于在建模区域建模的指令群，建模中需要使用的指令都汇集在这里。

4. View Cube

改变视角(模型的显示角度)的功能。只需点击立方体的面和角等即可改变模型的朝向。另外，也可以拖动鼠标改变模型的朝向。

5. 显示菜单

切换模型的显示方法和显示状态。

6. 单位(Units)

设定使用的单位。

4.2.3 实体建模实例

1. 马克杯的形状

我们要制作的马克杯如图 4-2-2 所示，虽然形状非常简单，但通过这样的建模可以练习 3D CAD 的基本操作。

图 4-2-2　马克杯 3D 模型完成图

2. 马克杯基础形状的建模

(1) 启动 123D Design，用鼠标双击 123D Design，即启动 123DDesign，这样就可以直接在建模区域创建模型。

(2) 制作杯体的容器部分，使用的基本形状是圆柱体。选择[Primitives]→[Cylinder]①并将建模区域下方的 Radius(半径)指定为 40 mm，Height(高度)指定为 80 mm②，如图 4-2-3 所示。

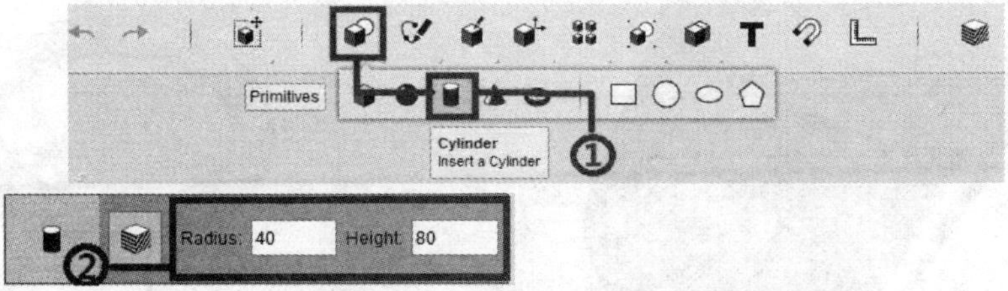

图 4-2-3　所示 插入圆柱体命令及“圆柱体”对话框

(3) 将圆柱体截面的中心点放置在原点③。将 View Cube 设为[BOTTOM](底面)视角，即可确定原点的位置(注意：单击鼠标右键可以改变视角位置，单击鼠标中键可以移动模型)，如图 4-2-4 所示。

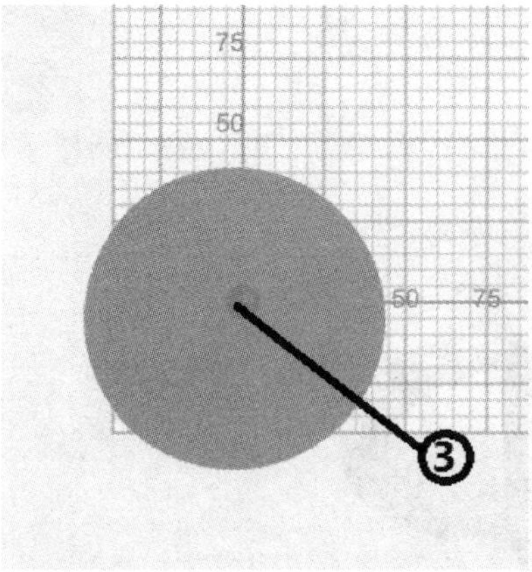

图 4-2-4　圆柱中心点放在原点

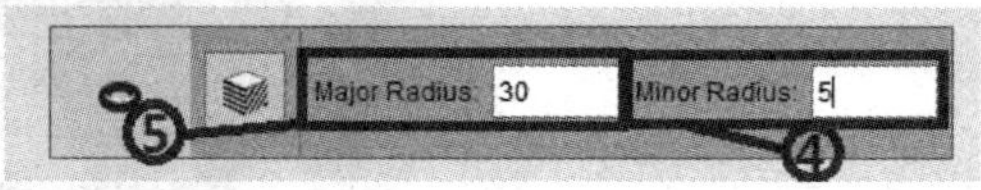

图 4-2-5　圆环尺寸对话框

(4) 建模杯子把手。选择[Primitives]→[Torus]，将 Minor Radius(环形的截面半径)设为 5 mm④，将 Major Radius(环形的半径)指定为 30 mm⑤，如图 4-2-5所示。

(5) 将环形的中心放置在 X 轴(画面上从原点向右上方斜向延伸的轴)的任意位置上。这里设置在了(0,150)的位置⑥，如图 4-2-6 所示。将 View Cube 切换为[TOP]视角比较容易确认坐标的位置。

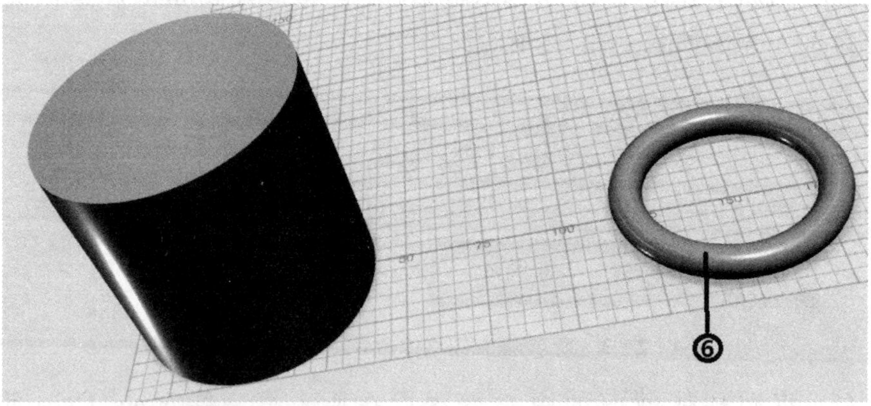

图 4-2-6　确定圆环位置

(6) 改变环形的朝向使其成为杯子的把手。选择[Transform]→[Move]⑦，点击选中环形⑧，如图 4-2-7 所示。这里显示出移动导线，选中从前向后转的方向轮⑨，在对话框中输入 90⑩，如图 4-2-8 所示。

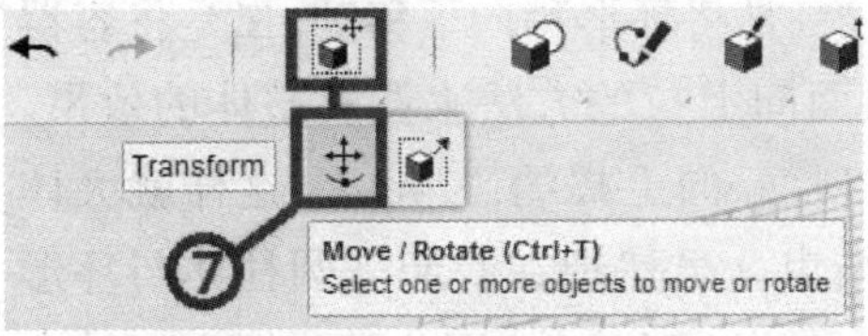

图 4-2-7　移动命令

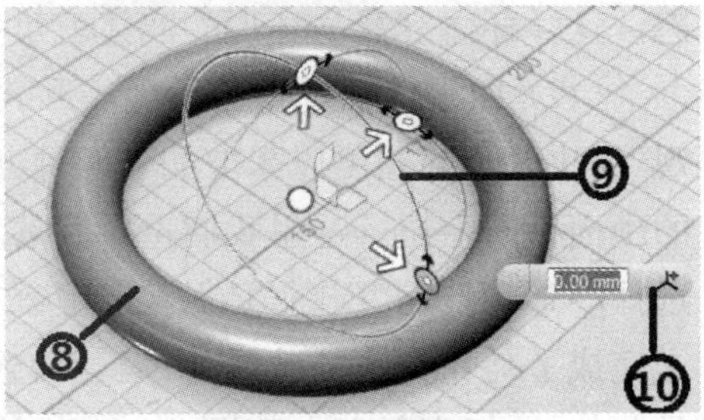

图 4-2-8 旋转圆环

(7) 这样环形转动 90 度就竖起来了⑪,如图 4-2-9 所示。

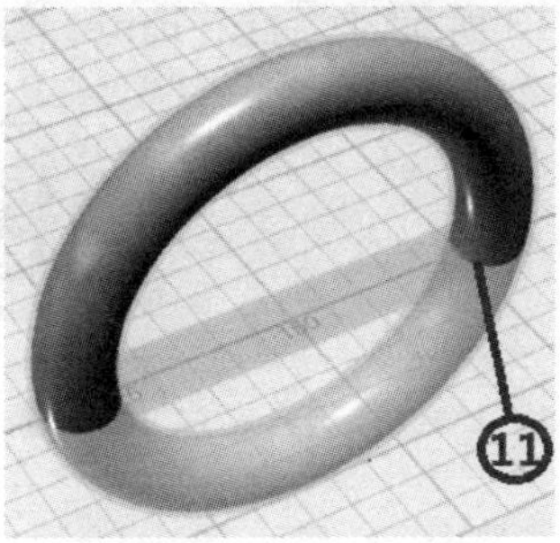

图 4-2-9　转 90 度

(8) 把翻转过来的环形(把手)安装在圆柱体(杯体)上。由于环形是以 X 轴为中心旋转的,所以直接平移即可对准圆柱体的中央位置。先点击画面右上角 View Cube 的[FRONT],切换到正面视角的状态。

(9) 调整环形竖向的位置。再次选择[Transform]→[Move],将环形向上移动 40 mm⑫,如图 4-2-10 所示。

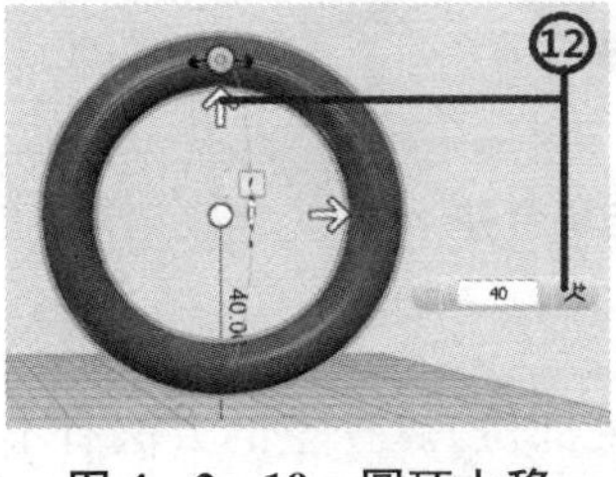

图 4-2-10　圆环上移

图 4-2-11　杯体与环组合

(10) 水平移动,即朝杯体的方向移动 110 mm,呈半个环隐藏在杯体中的状态。这样杯体容器与环形的实体就重叠在一起了⑬，如图 4－2－11 所示。

(11) 如果仔细观察会发现环形的顶部与容器的顶部重叠了，看起来不太美观，解决这个问题可以采取如下两种办法。一是将环形稍向下移动；二是将容器的顶面稍向上拉。这里我们选择将容器顶面向上拉的方法来调整整体的效果。选择[Modify]→[Press Pull]，选中容器的顶面，向上提约 10 mm。这样就大体上完成了马克杯的基础形状，但建模还没结束。虽然现在看起来圆柱体与环形是一体的，但实际上在数据上二者依然是分别独立的实体，因此需要把它们结合为一体。

(12) 选择[Combine]→[Merge](布尔求和)⑭，如图 4－2－12 所示，分别选中两个实体⑮，如图 4－2－13 所示，然后按[Enter]键。

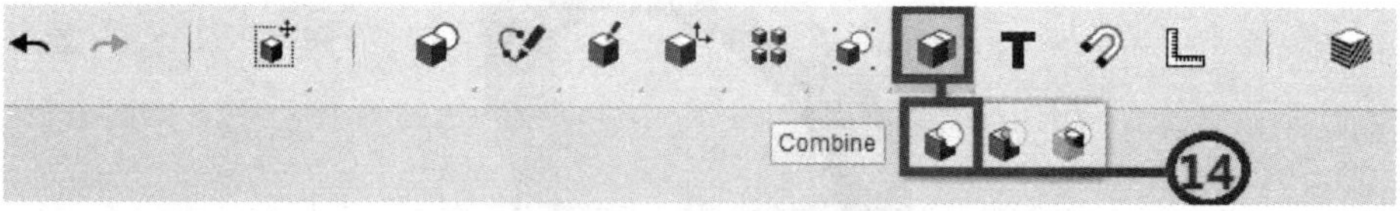

图 4－2－12　组合布尔“求和”命令

图 4－2－13　杯体与环合并一体

3. 挖空马克杯的内部

这里将杯壁的厚度设为 3 mm(包括杯底部位)。挖空的方法有不止一种，这里介绍的是 Primitives 方法。

(1) 由于杯体(圆柱体)的半径为 40 mm，所以制作一个用于挖空内部的半径为 37 mm、高为 87 mm 的圆柱体⑯，如图 4－2－14 所示，圆柱体的制作方法同前步骤①②。

图 4－2－14　挖空圆柱体

(2) 将用于挖空内部的圆柱体放置在容器上。选择[Snap]指令⑰，如图 4－2－15所示，先点击已经做好的圆柱体的顶面⑱，然后再点击容器的顶面⑲，如图 4－2－16 所示。这样用于挖空内部的圆柱体就放置在杯体的上方了⑳，如图 4－2－17 所示。(注意：如果点击顺序相反，反而会使杯子附着在挖空圆柱体的上方。)

图 4－2－15　"Snap"命令

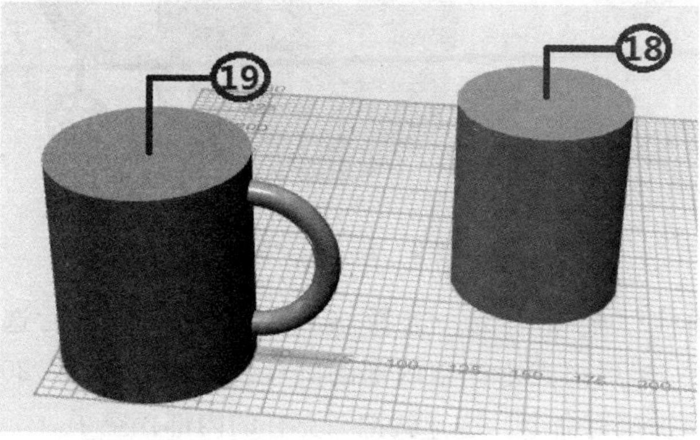

图 4－2－16　"Snap"截面选择

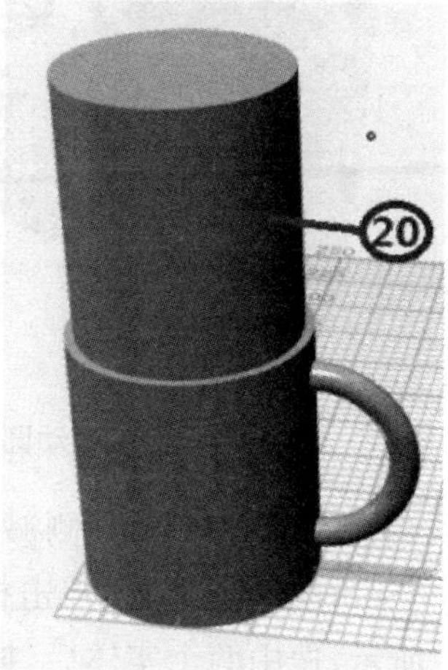

图4－2－17　"Snap"粘贴结果

(3) 使用[Snap]指令将物体粘贴在一起后，两部分会自动组合在一起。选择[Grouping]→[Ungroup]㉑如图 4-2-18 所示，点击这两个实体的任意部位即可解除组合。

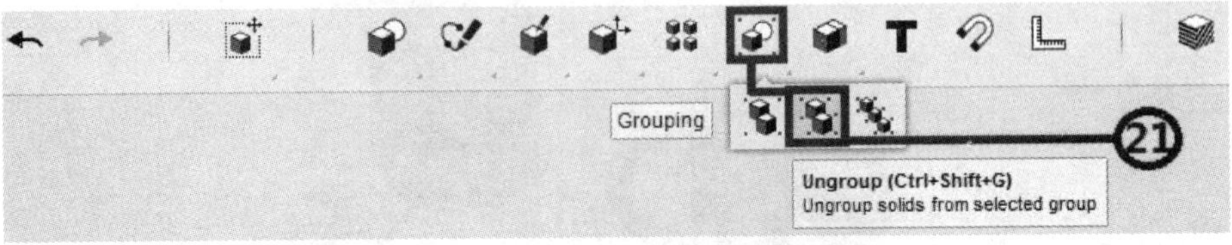

图 4-2-18 “Ungroup”解除组合命令

(4) 将上方的挖空圆柱体向杯子中移动其自身高度的距离(87 mm)。选择[Transform]→[Move]，选中上方的圆柱体㉒，选择向上移动图标㉓，在弹出的对话框中输入－87 mm㉔，如图 4-2-19 所示。这样上方的圆柱体就移动到了杯中。

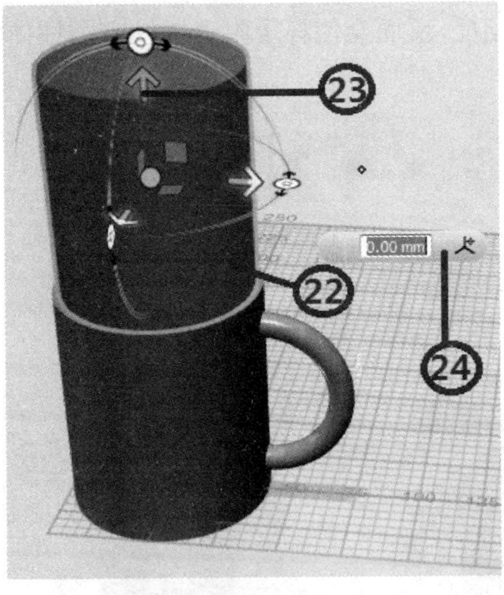

图 4-2-19 移动圆柱体图

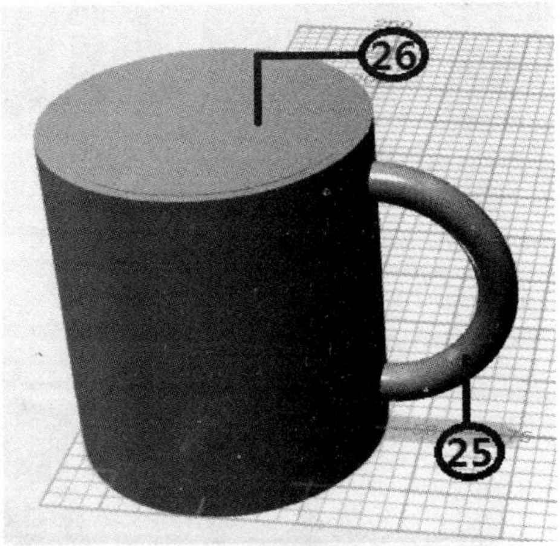

图 4-2-20 “Subtract”实体选择

(5) 从杯体内侧减去圆柱体挖空内部。选择[Combine]指令，然后选[Subtract]选项，先点击杯体㉕，然后再点击挖空内部的圆柱㉖，如图 4-2-20 所示，选中两个实体后，按回车键执行命令。这样就把马克杯的内部挖空了。

4. 马克杯的后期处理

现在完成的形状只是使用圆柱挖成中空的杯体，杯底和杯口还都是硬边的状态，就这样直接用的话会很不舒服，可能会刮伤嘴唇，所以下面还要对硬边进行修圆处理。

(1) 选择[Modify]→[Filet]㉗，如图 4-2-21 所示。

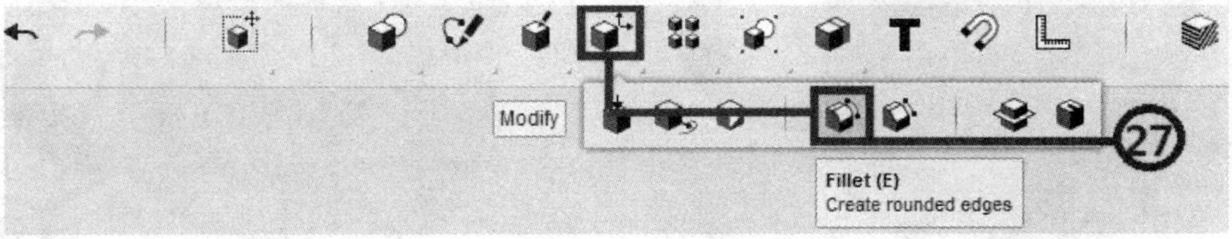

图 4-2-21　圆角命令

(2) 点击杯子内侧底面的边和外侧底面的边。不可见的边也是可以选中的。点击后会弹出对话框，在对话框中可以指定倒圆角处理的 R 值。这里将其指定为 3 mm。这样杯子的内侧底面的边和外侧底面的边都被修圆了㉘㉙，结果如图 4-2-22 所示。

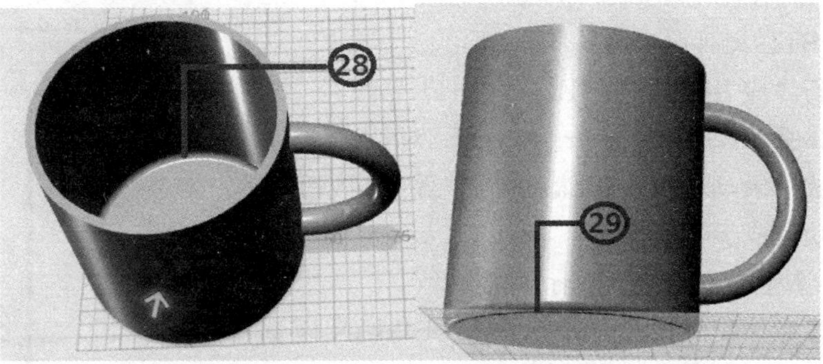

图 4-2-22　杯底圆角修圆效果

(3) 以同样的方法把杯口部分的边也修圆。选择[Modify]→[Filet]，连续点击杯口的两个边缘㉚，这里将 R 值设置为 1.5 mm，结果如图 4-2-23 所示。

(4) 为了让做出的杯子更像陶瓷杯子，我们将把手的衔接处也做出一些弧度。选择[Modify]→[Filet]，点击把手与杯子相接的上下两条边㉛，将 R 值设置为 3 mm，如图 4-2-24 所示。马克杯就完成了。

图 4-2-23　杯口圆角修圆效果

图 4-2-24　把手圆角修圆效果

(5) 在操作过程中实体一般显示为[Materials & Outlines]状态，这时如果将显示状态改为[Materials Only]则视觉效果会更好。

4.2.4　123D Design 模型在 3D 打印机上的实现

1. STL 文件的生成

执行“应用菜单→Export STL”命令㉜，如图 4-2-25所示，跳出“Export to STL”对话框，选择 STL 文件存放目录，取文件名，然后单击“保存”按钮，STL 文件已成功生成。

2. 将模型输入到 3D 打印机

具体操作步骤参见 2.1.5 中“3DS MAX 模型在 3D 打印机上的实现”部分。图示为 123D Design 三维建模效果图(图 4-2-26)与 3D 打印成品图(图 4-2-27)的对比。

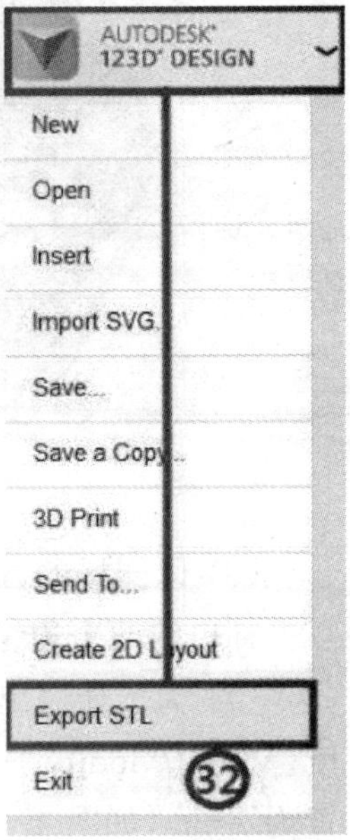

图 4-2-25　生成 STL

图 4-2-26　123D Design 三维建模效果图

图 4-2-27　3D 打印成品图

4.3　Autodesk 123D - Tinkercad 软件

4.3.1　Tinkercad 简介及特点

Tinkercad 是 Autodesk 公司于 2013 年 5 月收购的一款发展成熟的网页 3D 建模工具。Tinkercad 有非常体贴用户的 3D 建模使用教程，手把手指导用户使用 Tinercad 进行建模，让用户很快上手。在功能上，Tinkercad 和 123D 系列的另一款产品 123D Design 非常接近，但是 Tinkercad 的设计界面色彩鲜艳，操作更容易。

作为一款在线 3D 建模软件，Tinkercad 支持在线直接创建生成 STL 文件，方便 3D 打印。除了拥有以上功能之外，它最大的特点是有拥有自己的社区，创意者可以随时分享自己的作品。Tinkercad 能够创建简单基本的三维模型，适合 3D 建模初学者使用和交流，少年儿童也可用来操作和娱乐。

Tinkercad 不是一个必须安装在电脑或便携式笔记本里的软件，用户只需在网页浏览器中打开 Tinkercad 网址就可以进行注册和使用，不过浏览器需要支持 WebGL 技术标准。所谓 WebGL，它是一种 3D 绘图标准，可以提供硬件 3D 加速渲染，这样 Web 开发人员就可以借助系统显卡来在浏览器里更流畅地展示 3D 场景和模型，还能创建复杂的导航和数据视觉化。像火狐、谷歌、以及一些版本的 IE 浏览器都可以与 Tinkercad 兼容，在这一节里将用谷歌浏览器进行演示。

4.3.2 创建 Tinkercad 账号

打开谷歌浏览器，输入网址（www. tinkercad. com），就会看到如图 4－3－1 所示的 Tinkercad 欢迎界面。

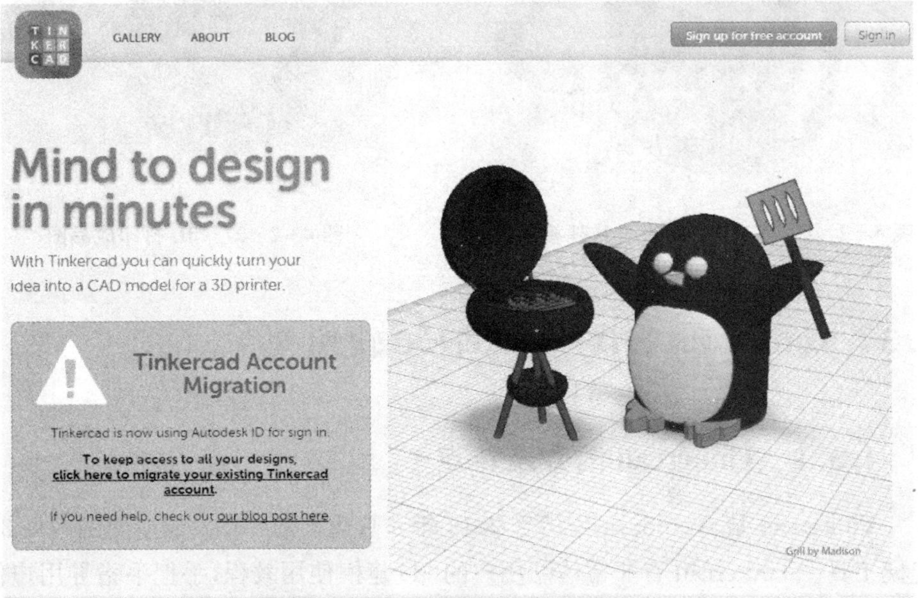

图 4－3－1 Tinkercad 欢迎界面

首先需要创建一个使用者账号，这样用户就可以在网上保存模型。账号分为收费账号和免费账号，两种账号的主要区别在于免费账号不能对同一个模型进行多人操作，且不能将自己的设计产品用作商业途径。

下面进行免费用户的注册，点击右上角的“Sign up for free account”按钮，跳出一个注册对话框，用户需要填写相应信息，注册完成后直接登录，进入用户界面，如图 4－3－2 所示。

在这个界面可以编辑个人资料，阅读相应教程，创建新的设计等等，需要注意的是，Tinkercad 为网页 3D 建模工具，注册流程可能会随着系统更新发生改变，可能跟文中叙述有所差异，用户按照相应要求注册即可。

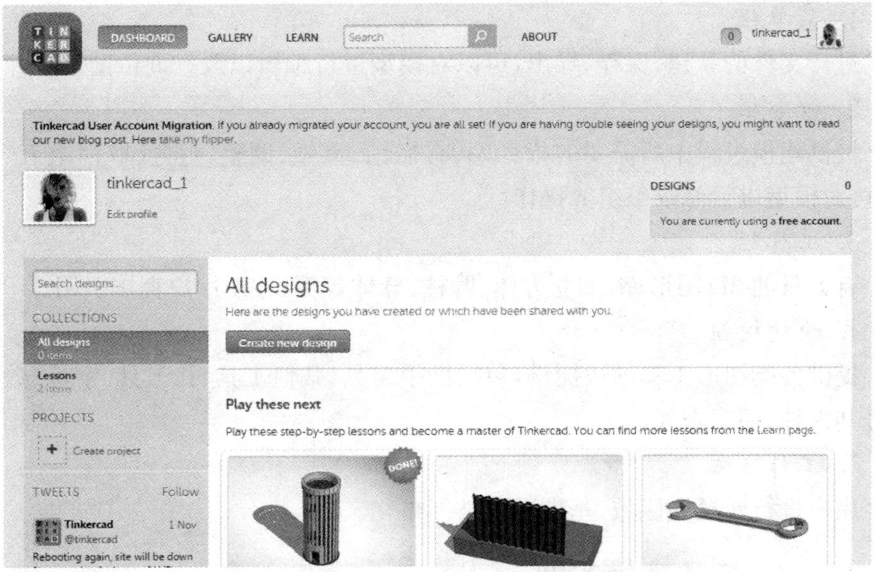

图 4-3-2　Tinkercad 用户界面

4.3.3　Tinkercad 工作界面

在用户界面中点击“Create new design”按钮，进入建模界面，如图 4-3-3 所示。按住鼠标右键拖动可以转换视角，滚动鼠标滚轮可以调节视角的远近，按住滚轮并拖动可以平移整个视图。

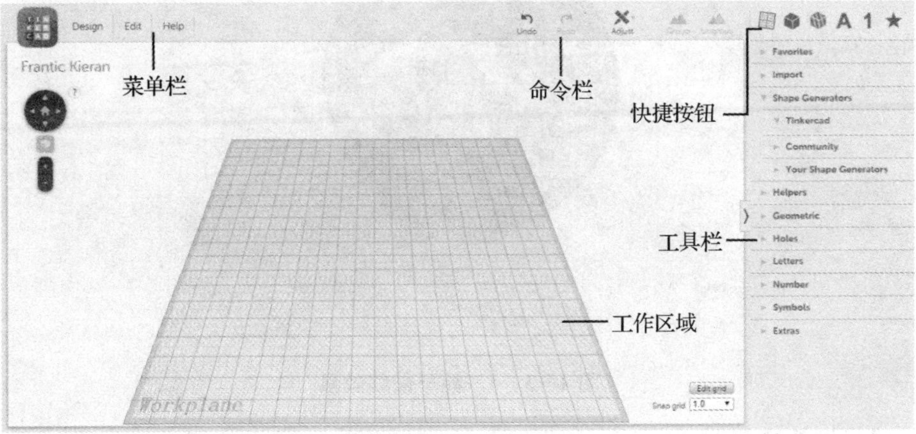

图 4-3-3　Tinkercad 建模界面

1. 菜单栏

进行文件的新建、保存、导出，可以对模型进行编辑以及查询帮助等。

2. 命令栏

提供建模过程中所需要的指令，共有撤销、重做、调整、组合、取消组五个命令，可对模型进行修改编组等操作。

3. 工具栏

有大量的3D图形库，如立方体、圆柱、球体等等，方便用户直接引用。

4. 快捷按钮

提供各类图形工具的快捷键，包括助手工具、几何工具、孔工具、字母、数字、符号共六种，便于查找。

5. 工作区域

用户进行建模的区域，基准平面被网格化。

4.3.4 实体建模实例

本节将介绍生活中常用娱乐工具——骰子的建模过程，如图4-3-4所示为骰子的最终建模效果。

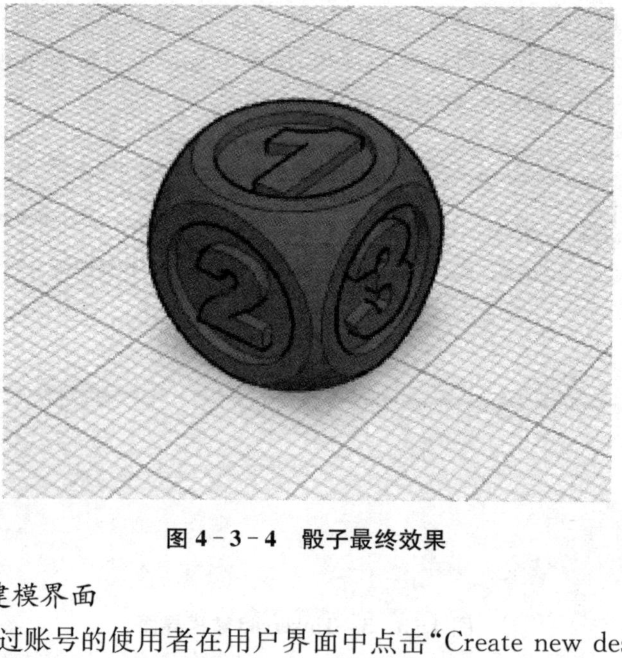

图4-3-4 骰子最终效果

1. 打开建模界面

已经注册过账号的使用者在用户界面中点击“Create new design”按钮，进入建模界面。

2. 创建六面体

(1) 在建模界面右侧工具栏中选择“Symbols(符号工具)”，在其下拉菜单中会出现一系列基本 3D 图形，单击“Dice(骰子)”模型将其移至工作区域。四周的方框可以调节模型尺寸，单击并拖动模型可以使其在工作面内移动，调节上方箭头图标可以将模型上下移动(垂直于工作面)，调节旋转箭头可以将模型旋转一定角度。

(2) 将六面体边长设置为 16 mm，如图 4－3－5 所示，按住“Shift”键拖动棱角方框可进行等比例放大或缩小。

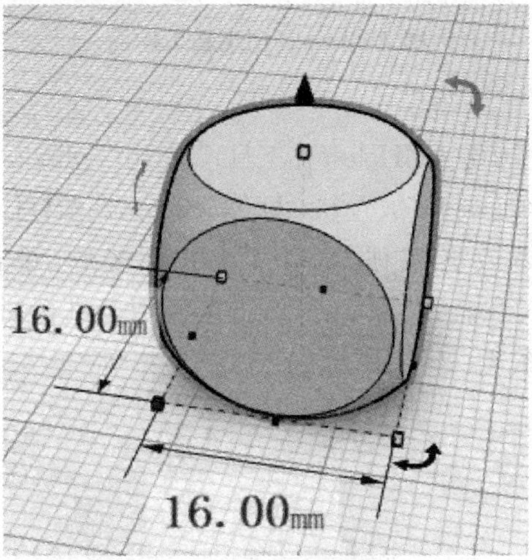

图 4－3－5　调节尺寸

3. 改变颜色

点选六面体，在右上角“Inspector(检查)”对话框中选择“Color(颜色)”命令，选择蓝色。

4. 创建新的工作面

在右侧工具栏中选择“Helpers(助手工具)”，在其下拉菜单中单击“Workplane(工作面)”，移动并放置在六面体顶面，网格为橙色，如图 4－3－6 所示。

图 4-3-6　创建新工作面

5. 创建凹槽

(1) 在右侧工具栏中选择“Holes(孔工具)”,单击“Cylinder hole(柱形孔)”创建灰色柱体并移至橙色工作面,将其放置在六面体正上方,调节柱体直径为 12 mm。

(2) 框选两物体或者按住“Shift”键进行多选,单击上方命令栏中的“Adjust”按钮,选择对齐命令“Align”,点击黑色圆点进行对齐操作,圆点变为灰色表示已经对齐,如图 4-3-7 所示。

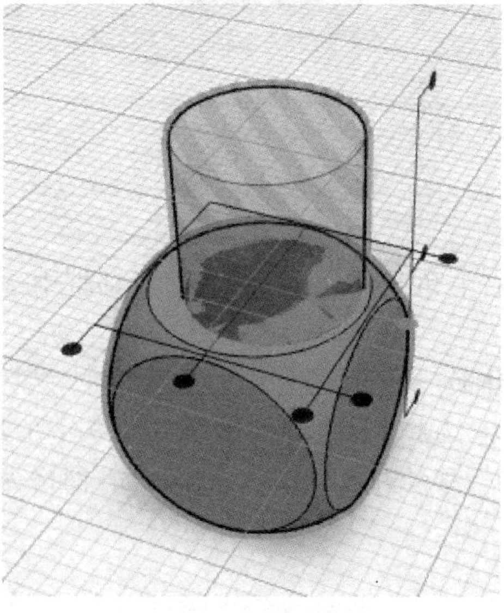

图 4-3-7　对齐

(3) 拖动上方箭头调节灰色柱体的垂直位置，使其嵌入六面体中，深度为 1 mm，如图 4-3-8 所示。

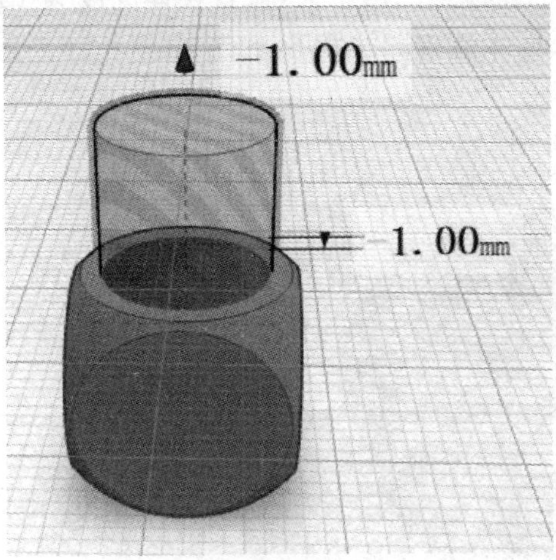

图 4-3-8　切除材料

图 4-3-9　形成凹槽

(4) 再次框选两物体，单击上方命令栏中的“Group”按钮创建组，形成一个整体；点击旁白工作区，撤销选择，形成凹槽，如图 4-3-9 所示。

6. 创建新的工作面

在右侧工具栏中选择“Helpers(助手工具)”，在其下拉菜单中单击“Workplane(工作面)”，创建新工作面并移动至凹槽底面，如图 4-3-10 所示。

图 4-3-10　创建新工作面

7. 插入数字

在右侧工具栏中选择"Number(数字)",在其下拉菜单中选择数字"1",创建实体并移至橙色工作面,调节尺寸大小并移至凹槽中央,设置实体高度为 1 mm,使用对齐命令"Align"进行对齐操作,具体流程同步骤 5,如图 4-3-11 所示。

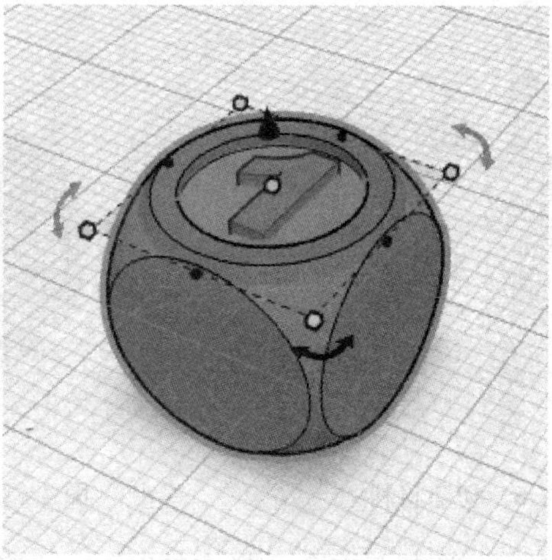

图 4-3-11　插入数字

8. 创建组

框选所有物体,单击上方工具栏中的"Group(组命令)"按钮创建组,形成一个整体。

9. 设计剩余面

重复以上步骤 5~9,采取同样的操作方法在六面体的其他面创建凹槽并插入数字,注意骰子的对面数字之和等于 7,即"1"的对面为"6",以此类推。

10. 保存文件

点击上方工具栏中的"Design(设计)"按钮,选择"Save"命令进行保存,所创建的模型文件将自动保存在网上。使用旋转观察功能观察模型,最终效果如图 4-3-12 和图 4-3-13 所示。

图 4－3－12　正面

图 4－3－13　底面

4.3.5　Tinkercad 模型在 3D 打印机上的实现

1. STL 文件的生成

点击上方工具栏中的“Design（设计）”按钮，选择“Download for 3D Printing”命令，在跳出的对话框中点击“.STL”选项，然后选择保存的位置，更改文件名，STL 文件成功生成。

2. 模型输入到 3D 打印设备

具体操作步骤参见 2.1.5 中“3DS MAX 模型在 3D 打印机上的实现”部分。图为 Tinkercad 三维建模效果图（图 4－3－14）与 3D 打印成品图（图 4－3－15）的对比。

图 4－3－14　模型

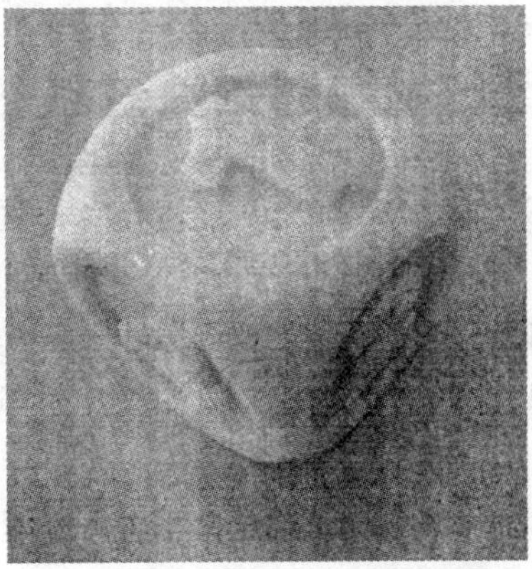

图 4－3－15　打印的模型

参考文献

[1] 于文强. UGNX9.0 机械设计教程[M]. 北京:电子工业出版社,2015.
[2] 王国业. UGNX7.0 中文版从入门到精通[M]. 北京:机械工业出版社,2010.
[3] 应华. UGNX7.0 机械设计行业应用实践[M]. 北京:机械工业出版社,2011.
[4] 唐家鹏. UGNX8.0 中文版造型设计专家范例详解[M]. 北京:科学出版社,2012.
[5] 沈春根,许洪龙,周丽萍. UG 曲面造型实例教程[M]. 北京:化学工业出版社,2007.
[6] 水野操. 图解 3D 打印:用 Autodesk 123D Design 和 3D 打印机自制小物件[M]. 北京:人民邮电出版社,2014.
[7] 瞿颖健,曹茂鹏. 中文版 3ds Max 2012 完全自学教程. 北京:人民邮电出版社,2012.
[8] 尹涛,翟晓男. 3DS MAX 2012 完全自学教程. 北京:中国铁道出版社,2012.
[9] [美]Pete Draper. 3ds Max 经典教程高级篇:创造真实世界. 北京:人民邮电出版社,2009.
[10] 李进,陈岭. SketchUp 工程实例. 北京:中国电力出版社,2008.
[11] 毛蒙. SketchUp&VRay 高效建筑表现从入门到精通. 北京:北京科海电子出版社,2009.
[12] [美]威廉·立德威尔、克里蒂娜·霍顿、吉尔·巴特勒. 通用设计法则. 北京:中央编译出版社,2013.

[13] [美]胡迪·利普森,梅尔芭·库曼. 3D 打印:从想象到现实. 北京:中信出版社,2013.

[14] 中国机械工程学会. 3D 打印:打印未来. 北京:中国科学技术出版社,2013.

[15] 杨继全,冯春梅. 3D 打印:面向未来的制造技术. 北京:化学工业出版社,2014.

[16] 曹汉阳,乐锐锋. 3D 打印:梦想与现实之间. 北京:电子工业出版社,2014.

[17] 徐平,章勇,苏浪. 中文版 Rhino 5.0 完全自学教程(第 2 版). 北京:人民邮电出版社,2014.

[18] 邓昭,汤智. 犀牛 RHINO 产品建模与技法. 武汉:武汉大学出版社,2013.

[19] 林清安. 完全精通 Pro/ENGINEER 野火 4.0 中文版综合教程. 北京:电子工业出版社,2009.

[20] 吴柳机,杜智敏,何华妹. Pro/ENGINEER Wildfire 3.0 工业产品造型设计实例精解. 北京:清华大学出版社,2006.

[21] Freeform 创意设计视频教程:鸭子,http://v.pps.tv/play_38I1WQ.html.

[22] 李轩斌,单红梅,韩玲. 基于 SolidWorks 的参数化设计[J]. 产业与科技论坛,2011,(21):49-50.

[23] 肖礼志,黄美发,刘夫云. 基于 SolidWorks 的尺寸公差参数化设计方法[J]. 计算机系统应用,2011,(09):210-213.

[24] 龚道雄. 基于 SolidWorks 的桥式起重机参数化设计[D]. 武汉理工大学,2009.

[25] 刘军,耿国强. SolidWorks 自上而下设计方法初探[J]. CAD/CAM 与制造业信息化,2008,(04):82-84.

[26] 何岸杨. SolidWorks 二次开发方法研究[J]. 科技信息(科学教研),2007,(28):69-70.

[27] 董西军. 基于 SolidWorks 的参数化设计[J]. 机械制造与自动化,2007,(02):26-27,30.

[28] 李润,邹大鹏,徐振超等. SolidWorks 软件的特点、应用与展望[J]. 甘肃科技,2004,(05):57-58.

[13] [illegible]材普[illegible] 3D打印[illegible]研究[illegible]出版社,2015.

[14] [illegible] 3D打印[illegible]. 北京:中国[illegible]出版社,2015.

[15] [illegible] 3D打印[illegible]技术[illegible]. 北京:化学工业出版社,2014.

[16] [illegible] 3D打印:[illegible]. 北京:电子工业出版社,2014.

[17] [illegible] Rhino 5.0 [illegible]. 北京:人民邮电出版社,2014.

[18] [illegible] RHINO 产品[illegible]. 武汉:武汉大学出版社,2013.

[19] 林清安. 完全精通Pro/ENGINEER [illegible]. 北京:电子工业出版社,2009.

[20] [illegible] Pro/ENGINEER Wildfire [illegible]. [illegible]大学出版社,2008.

[21] Brickfoam [illegible] http://v.youku.com/v_show/[illegible]play_3881WQ[illegible].html

[22] [illegible] 基于SolidWorks[illegible][J]. [illegible], 2011, (21): 49-56.

[23] [illegible] SolidWorks [illegible][J]. 计算机系统应用, 2011, (09): 210-213.

[24] [illegible] SolidWorks [illegible][D]. [illegible]大学, 2009.

[25] [illegible] SolidWorks [illegible][J]. CAD/CAM与制造业信息化, 2004, (09): [illegible].

[26] [illegible] SolidWorks [illegible][J]. [illegible], 2007, [illegible]: 69-70.

[27] [illegible] 基于SolidWorks的参数化设计[J]. 机械制造与自动化, 2008, (02): [illegible].

[28] [illegible] SolidWorks [illegible][J]. [illegible], 2007, (08): [illegible].